移动互联网开发技术丛书

jQuery Mobile
从入门到实战

微课视频版

陶国荣 主编

清华大学出版社

北京

内 容 简 介

本书从初学者的角度出发，全面介绍如何利用 jQuery Mobile 框架开发移动端应用，且每个知识点都结合实例讲解。全书共包含 10 章，分为两部分，第 1～8 章为第一部分，详细讲解结构、布局、表单、组件、插件、API 等 jQuery Mobile 的入门知识和常用技巧；第 9、10 章为第二部分，解析两个经典的实例，详细介绍移动应用程序的完整开发过程。

本书以 jQuery Mobile 框架的最新版本为线索，采用层层推进的方式，从易到难，深入挖掘 jQuery Mobile 框架为移动终端带来的各项应用，帮助喜爱 jQuery 的开发者通过 jQuery Mobile 框架快速开发出优雅的移动 Web 程序。

本书面向 Web/Web App/HTML 5 应用开发者、全国高等院校师生及广大相关领域的计算机爱好者，无论是前端开发人员，还是后台的代码编写人员，都可以使用本书。

本书封面贴有清华大学出版社防伪标签，无标签者不得销售。

版权所有，侵权必究。举报：010-62782989，beiqinquan@tup.tsinghua.edu.cn。

图书在版编目（CIP）数据

jQuery Mobile 从入门到实战：微课视频版/陶国荣主编. —北京：清华大学出版社，2021.7
（移动互联网开发技术丛书）

ISBN 978-7-302-58202-1

Ⅰ. ①j… Ⅱ. ①陶… Ⅲ. ①JAVA 语言－程序设计 Ⅳ. ①TP312.8

中国版本图书馆 CIP 数据核字(2021)第 096267 号

责任编辑：付弘宇 李 燕
封面设计：刘 键
责任校对：徐俊伟
责任印制：刘海龙

出版发行：清华大学出版社
  网 址：http://www.tup.com.cn，http://www.wqbook.com
  地 址：北京清华大学学研大厦 A 座   邮 编：100084
  社 总 机：010-62770175   邮 购：010-83470235
  投稿与读者服务：010-62776969，c-service@tup.tsinghua.edu.cn
  质量反馈：010-62772015，zhiliang@tup.tsinghua.edu.cn
  课件下载：http://www.tup.com.cn，010-83470236
印 装 者：三河市金元印装有限公司
经 销：全国新华书店
开 本：185mm×260mm 印 张：17.25   字 数：429 千字
版 次：2021 年 7 月第 1 版   印 次：2021 年 7 月第 1 次印刷
印 数：1～2000
定 价：59.00 元

产品编号：078462-01

前 言
FOREWORD

随着互联网的不断深入发展，原有的格局正在发生变化，App 应用需要通过下载、安装并不断更新，才能获得新体验，目前已逐渐被用户放弃，而转向容量更小、速度更快、无须下载安装的移动端应用——Web App，随着 HTML 5 功能的不断完善，Web App 应用日益强盛，在一定程度上可以替代原生的 App 应用。

当前的用户非常重视 UI 体验，因此，一款好的应用，不仅表现在功能上，更多还体现在 UI 上，而 jQuery Mobile 框架依托于 jQuery 基础库，以 Write Less，Do More 为目标，通过对应的移动框架和 UI 框架可以为所有流行的移动平台设计一个高度定制和品牌化的 Web 应用程序；同时，jQuery Mobile 以其高度兼容性和轻量级著称，通过自动初始化页面中所有的 jQuery 部件、简单的 API 为用户提供触摸或光标焦点的支持，强大的主题化框架与 UI 接口使开发的 Web 页面应用给移动端客户带来全新的视觉与功能的体验。

本书以"案例实战"为导向，对基础知识点进行全面而系统地讲解。希望读者可在短时间内，全面系统地了解并掌握 jQuery Mobile 开发应用的知识。本书共有 10 章，根据知识体系，又分为两大部分，通过各部分，更加有针对性地介绍技术内容。

第 1～8 章为第一部分，全面而详细地讲解结构、布局、表单、组件、插件、API 等 jQuery Mobile 的入门知识和常用技巧。

第 9、10 章为第二部分，讲解两个经典的实例，详细介绍移动应用程序的完整开发过程。

本书特色

本书以 jQuery Mobile 框架的最新版本为线索，采用层层推进的方式，从易到难，深入挖掘 jQuery Mobile 框架为移动终端带来的各项应用特效，帮助喜爱 jQuery 的开发者通过 jQuery Mobile 框架快速开发出优雅的移动 Web 程序。

本书从实用的角度出发，以示例贯穿知识点讲解，从而实现激发读者阅读兴趣的目的。为使读者能够通过实例执行后的页面效果加深对应用的理解，每幅图都精心编排，并附简洁的说明。

配套资源

为便于教学，本书配有微课视频、源码、教学大纲、教学课件。

（1）获取微课视频的方式：读者可以先扫描本书封底的防盗码，再扫描书中相应的视频二维码，观看教学视频。

（2）获取程序源码的方式：先扫描本书封底防盗码，再扫描下方二维码，即可获取。

程序源码

（3）教学课件、教学大纲等其他配套资源可以从本书封底的微信公众号"书圈"（itshuquan）下载。

读者对象

本书面向 Web/Web App/HTML 5 应用开发者、高等院校师生及广大相关领域的计算机爱好者，无论是前端开发人员，还是后台代码编写人员，都可以使用本书。

致谢

希望这部耗时一年、积累作者数年心得与技术感悟的拙著，能给读者们带来思路上的启发与技术上的提升。同时，也非常希望能借助本书的出版与国内热衷于前端技术的开发者进行交流。

由于作者的水平和能力有限，书中难免有疏漏之处，恳请各位同仁和广大读者给予批评指正。

陶国荣

2020 年 12 月

目 录

CONTENTS

第二部分 经典案例

第一部分

知识与技巧

第 1 章

初识jQuery Mobile

本章学习目标
- 了解 jQuery Mobile 框架的功能和特点；
- 理解并掌握 jQuery Mobile 页面的搭建方法。

1.1　jQuery Mobile 简介

为了满足 Web 页面在移动端设备运行的需求，在 jQuery UI 的基础之上，jQuery 开发者推出了 jQuery Mobile 框架，其主旨就是为移动项目的开发者提供统一的接口与特征，依附于强大的 jQuery 类库，提高项目开发的效率。

本书所有实例都基于 jQuery Mobile 框架的 1.4.5 版本(2020 年 6 月 jQuery Mobile 官方网站 http://jquerymobile.com 上推荐的最新的稳定版本)和 jQuery 框架 1.11.1 版本。接下来将逐步带领大家进入 jQuery Mobile 的精彩世界。

1.1.1　功能特点

jQuery Mobile 为开发移动应用程序提供十分简单的应用接口，而这些接口的配置则是由标记驱动的，开发者在 HTML 页中无须使用任何 JavaScript 代码，就可以建立大量的程序接口。使用页面元素标记驱动是 jQuery Mobile 的众多特点之一，概括而言，它具有如下特点。

1. 强大的 Ajax 驱动导航

无论是页面数据的调用还是页面间的切换，都是采用 Ajax 进行驱动，从而保持了动画转换页面的干净与优雅。

2. 以 jQuery 与 jQuery UI 为框架核心

jQuery Mobile 的核心框架是建立在 jQuery 基础之上的，并利用了 jQuery UI 的代码与运用模式,使用熟悉 jQuery 语法的开发者能通过最少的学习成本迅速掌握。

3. 强大的浏览器兼容性

jQuery Mobile 继承了 jQuery 的兼容性优势,目前所开发的应用可兼容所有主流的移动终端浏览器,开发者可以集中精力进行功能开发,而不需要考虑复杂的兼容性问题。

4. 框架轻量级

目前 jQuery Mobile 最新的稳定版本为 1.4.5,加上与该版本配套的 CSS 文件,体积也不足 500KB,框架的轻量级大大加快了程序执行时的速度。

5. 支持触摸与其他鼠标事件

jQuery Mobile 提供了一些自定义的事件,用来监测用户的移动触摸动作,如 tap(单击)、tap-and-hold(单击并按住)、swipe(滑动)等事件,极大提高了代码的开发效率。

6. 强大的主题化框架

借助于主题化的框架和 ThemeRoller 应用程序,jQuery Mobile 可以快速地改变应用程序的外观或自定义一套属于产品自身的主题,有助于树立应用产品的品牌形象。

1.1.2 支持平台

目前 jQuery Mobile 1.0 版本支持绝大多数的台式机、智能手机、平板和电子阅读器的平台,此外,对有些不支持的智能手机与老版本的浏览器,通过渐进增强的方法,将逐步实现完全支持,下面详细说明各浏览器对 jQuery Mobile 1.4.5 的支持情况。

1. 最佳的支持

- 苹果 iOS 3.2～5.0:最早的 iPad(4.3/5.0)、iPad 2(4.3),最早的 iPhone(3.1)、iPhone 3(3.2)、iPhone 3GS(4.3)、iPhone 4(4.3/5.0)。
- 安卓 2.1～2.3:HTC(2.2),最早的 Droid(2.2)、Nook Color(2.2)、HTC Aria(2.1)、谷歌 Nexus S(2.3)。
- 安卓 Honeycomb:三星 Galaxy Tab 10.1 和摩托罗拉 XOOM。
- Windows Phone 7～7.5:HTC Surround(7.0)、HTC Trophy(7.5)和 LG-E900(7.5)。
- 黑莓 6.0:Torch 9800 和 Style 9670。
- 黑莓 7:BlackBerry® Torch 9810。
- 黑莓 Playbook :PlayBook 版本 1.0.1/1.0.5。
- PalmWebOS(1.4～2.0):Palm Pixi(1.4)、1.4 前版本(1.4)、2.0 前版本(2.0)。
- PalmWebOS 3.0:HP 触摸板。
- Firebox Mobile(Beta):安卓 2.2。
- Opera Mobile 11.0:安卓 2.2。
- Meego 1.2:Nokia 950 和 N9 机型。
- Kindle 3 和 Fire:内置的每个 WebKit 浏览器。
- Chrome(11～15)桌面浏览器:基于 OS X 10.6.7 和 Windows 7 操作系统。
- Firefox(4～8)桌面浏览器:基于 OS X 10.6.7 和 Windows 7 操作系统。
- Internet Explorer(7～9):Windows XP、Windows Vista 和 Windows 7(有轻微的

CSS 错误）。

- Opera(10～11)桌面浏览器：基于 OS X 10.6.7 和 Windows 7 操作系统。

2. 较好的支持

- 黑莓 5.0：Storm 2 9550 和 Bold 9770。
- Opera Mini(5.0～6.0)：基于 iOS 3.2/4.3 操作系统。
- 诺基亚 Symbian^3：诺基亚 N8(Symbian^3)、C7(Symbian^3)、N97(Symbian^1) 机型。

3. 较差的支持

- 黑莓 4.x：Curve 8330。
- Windows Mobile：HTC Leo(WInMo 5.2)。
- 所有版本较老的智能手机平台将都不支持。

浏览支持系统分为 A、B、C 三个级别。A 级表示完全基于 Ajax 的动画页面转换增加的体验效果，代表最佳；B 级表示仅是除了没有 Ajax 的动画页面转换增加的体验效果，其他都可以很好地支持，代表较好；C 级表示能够支持实现基本的功能，没有体验效果，代表较差。

1.1.3 与其他框架的比较

1. jQTouch

jQTouch 与 jQuery Mobile 十分相似，也是一个 jQuery 插件，同样也支持 HTML 页面标签驱动，实现移动设备视图切换效果，但与 jQuery Mobile 的不同之处在于，它是专为 WebKit 内核的浏览器打造的，可以借助该浏览器的专有功能对页面进行渲染。此外，开发时所需的代码量更少，如果所开发的项目中，目标用户群都使用 WebKit 内核的浏览器，可以考虑此框架。

jQTouch 的官方下载地址为 http://www.jqtouch.com/。

2. Sencha Touch

Sencha Touch 是一套基于 ExtJS 开发的插件库，它与 jQTouch 相同，也是只针对 WebKit 内核的浏览器开发移动应用，拥有众多效果不错的页面组件和丰富的数据管理，并且全部基于最新的 HTML5 与 CSS3 的 Web 标准，但与 jQuery Mobile 不同之处在于，它的开发语言不是基于 HTML 标签，而是类似于客户端的 MVC 风格编写 JavaScript 代码，相对来说，学习周期较长。

Sencha Touch 的官方下载地址为 http://www.sencha.com/products/touch/。

3. SproutCore

SproutCore 同样也是一款开源的 JavaScript 框架，以少量的代码开发强大的 Web 应用，开始，它仅用于桌面浏览器的应用开发，后来，由于功能的强大，许多知名厂商纷纷使用它来开发移动 Web 应用，但与 jQuery Mobile 相比，对一些主流终端浏览的支持还有许多不足之处，如屏幕尺寸略大、开发代码相对复杂些。

SproutCore 的官方下载地址为 http://www.sproutcore.com/。

1.2　如何获取 jQuery Mobile

想要在浏览器中正常运行一个 jQuery Mobile 移动应用页面,需要先获取与 jQuery Mobile 相关的插件文件,其获取的方法有两种,分别为下载相关插件文件和使用 URL 方式加载相应文件。

1.2.1　下载插件文件

要运行 jQuery Mobile 移动应用页面,需要包含 3 个文件,分别为 jQuery-1.11.1.min.js、jQuery.Mobile-1.4.5.min.js、jQuery.Mobile-1.4.5.min.css,第一个文件为 jQuery 主框架插件,目前稳定版本为 1.11.1;第二个文件为 jQuery Mobile 框架插件,目前最新版本为 1.4.5;第三个文件是与 jQuery Mobile 框架相配套的 CSS 样式文件,最新版本为 1.4.5。

要获取以上 3 个文件,只需要登录 jQuery Mobile 官方网站,单击导航栏中的 Download 链接,进入文件下载页面,该页面如图 1-1 所示。

图 1-1　jQuery Mobile 资源下载页面

在图 1-1 所示的 jQuery Mobile 下载页面中,可以直接单击 Latest stable 按钮,下载压缩后的文件包 Zip File:jquery mobile-1.4.5.zip,获取运行 jQuery Mobile 页面所需的全部

文件(包含压缩前后的 JavaScript 与 CSS 样式)和实例文件。

1.2.2 使用 URL 方式加载插件文件

除了在 jQuery Mobile 下载页面下载对应文件外,jQuery Mobile 还提供了 URL 方式从 jQuery CDN 下载插件,CDN 的全称是 content delivery network,用于加速内容分发,只要在页面的<head>元素中加入下列代码,同样可以执行 jQuery Mobile 移动应用页面。

```
<link rel = "stylesheet"
     href = "http://code.jquery.com/mobile/1.4.5/jquery.mobile-1.4.5.min.css" />
<script src = "http://code.jquery.com/jquery-1.11.1.min.js"></script>
<script src = "http://code.jquery.com/mobile/1.4.5/jquery.mobile-1.4.5.min.js"></script>
```

这种通过 URL 加载 jQuery Mobile 插件的方式,使版本的更新更加及时,但由于是通过 jQuery CDN 服务器请求方式进行加载的,所以在执行页面时必须时时保证网络的畅通,否则将无法实现 jQuery Mobile 移动页面的效果。

1.3 jQuery Mobile 的工作原理

jQuery Mobile 的工作原理是通过提供可触摸的 UI 小部件和 AJAX 导航系统,使页面支持动画式切换效果,以页面中的元素标记为事件驱动对象,当触摸或单击时进行触发,最后,在移动终端的浏览器中实现一个个应用程序的动画展示效果。

与开发桌面浏览中的 Web 页面相似,构建一个 jQuery Mobile 页面也十分容易,接下来,将详细介绍如何开发第一个 jQuery Mobile 页面。

jQuery Mobile 通过<div>元素组织页面结构,根据元素的 data-role 属性设置角色,每一个拥有 data-role 属性的<div>元素就是一个容器,可以放置其他的页面元素,接下来通过一个简单实例来进行阐述。

实例 1-1 Hello World 页面的实现

1. 功能说明

使用 HTML 5 结构编写一个 jQuery Mobile 页面,在页面中输出"Hello World!"字样。

2. 实现代码

在 WebStorm 开发工具中,新创建一个 HTML 页面 1-1.html,加入如代码清单 1-1 所示的代码。

代码清单 1-1 Hello World 页面的实现

```
<!DOCTYPE html>
<html>
<head>
    <title>jQuery Mobile 应用程序</title>
    <meta name = "viewport" content = "width = device - width" />
```

```
        < link href = "css/jquery. mobile - 1. 4. 5. min. css"
                rel = "Stylesheet" type = "text/css" />
        < script src = "js/jquery - 1. 11. 1. min. js"
                type = "text/javascript"></script >
        < script src = "js/jquery. mobile - 1. 4. 5. min. js"
                type = "text/javascript"></script >
    </head >
    < body >
        < section id = "page1" data - role = "page">
            < header data - role = "header"
                    data - position = "fixed">
                < h1 > jQuery Mobile </h1 ></header >
            < div data - role = "main" class = "ui - content">
                < p > Hello World!</p >
            </div >
            < footer data - role = "footer"
                    data - position = "fixed">
                < h1 >荣拓工作室版权所有</h1 >
            </footer >
        </section >
    </body >
</html >
```

3. 页面效果

为了更好地在 PC 端浏览 jQuery Mobile 页面在移动终端的执行效果，可以下载 Opera 公司的移动模拟器 Opera Mobile Emulator，目前它的最新版本为 12.1，本书全部的页面效果都在 Opera Mobile Emulator 12.1 中演示。

该页面在 Opera Mobile Emulator 手机模拟器下执行的效果如图 1-2 所示。

4. 源码分析

在页面代码的< head >元素中，先通过< meta >元素的 content 属性将页面的宽度设置为与模拟器的宽度一致，以保证页面可以在浏览器中完全填充，接下来导入三个框架性文件，需要注意导入的顺序。

在代码的< body >元素中，通过多个< div >元素进行层次的划分，因为在 jQuery Mobile 中，每个一个< div >元素都是一个容器，根据指定的 data-role 属性值，确定容器对应的身份，如属性 data-role 的值为 header，则该< div >元素为头部区域。

data-role 属性是 HTML 5 的一个新特征，通过设置该属性，jQuery Mobile 可以很快定位到指定的元素，并对内容进行相应的处理。

由于 jQuery Mobile 已经全面支持 HTML 5，因此，< body >元素的代码也可以修改为如下代码：

图 1-2　Hello World 页面

```
        < section id = "page1" data - role = "page">
            < header data - role = "header"> < h1 > jQuery
Mobile </h1 ></header >
            < div data - role = "content" class = "content">
                < p > Hello World! </p >
            </div >
            < footer data - role = "footer"> < h1 >荣拓工作室版权所有
</h1 ></footer >
        </section >
```

上述代码执行后的效果与修改前完全相同。

实例 1-2　多页面的切换

实例 1-1 介绍了在 jQuery Mobile 中，如果将页面元素的 data-role 属性值设置为 page，则该元素成为一个容器，即页面的某块区域，在一个页面中，可以设置多个元素成为容器，虽然元素的 data-role 属性值都为 page，但它们对应的 id 号则不允许相同。

在 jQuery Mobile 中，将一个页面中的多个容器当作是多个不同的页面，它们之间的界面切换是通过增加一个<a>元素，并将该元素的 href 属性值设为♯加对应 id 号的方式来进行。下面通过一个简单实例来说明多页面切换实现的过程。

1. 功能说明

使用 HTML 5 结构编写一个 jQuery Mobile 页面，在页面中设置两个 page 区域，当单击第一个区域中的"详细页"链接时，进入第二个区域；在第二个区域中，单击"返回首页"链接时，则又切换至第一个区域。

2. 实现代码

在 WebStorm 开发工具中，新创建一个 HTML 页面 1-2. html，加入如代码清单 1-2 所示的代码。

代码清单 1-2　多页面的切换

```
<!DOCTYPE html >
< html >
< head >
    < title > jQuery Mobile 应用程序</title >
    < meta name = "viewport" content = "width = device - width" />
    < link href = "css/jquery.mobile - 1.4.5.min.css"
        rel = "Stylesheet" type = "text/css" />
    < script src = "js/jquery - 1.11.1.min.js"
        type = "text/javascript"></script >
    < script src = "Js/jquery.mobile - 1.4.5.min.js"
        type = "text/javascript"></script >
</head >
< body >
< section id = "page1"
        data - role = "page">
    < header data - role = "header"
```

```
                  data - position = "fixed">
        < h1 > jQuery Mobile </h1 >
      </header >
      < div data - role = "main"
          class = "ui - content">
        <p>这是首页</p>
        <p><a href = "#page2">详细页</a></p>
      </div >
      < footer data - role = "footer"
            data - position = "fixed">
        < h1 >荣拓工作室版权所有</h1 >
      </footer >
   </section >

   < section id = "page2"
            data - role = "page"
            data - position = "fixed">
      < header data - role = "header">
          < h1 > jQuery Mobile </h1 >
      </header >
      < div data - role = "main"
           class = "ui - content">
        <p>这是详细页</p>
        <p><a href = "#page1">返回首页</a></p>
      </div >
      < footer data - role = "footer"
            data - position = "fixed">
        < h1 >荣拓工作室版权所有</h1 >
      </footer >
   </section >
   </body >
   </html >
```

3. 页面效果

该页面在 Opera Mobile Emulator 手机模拟器下执行的效果如图 1-3 所示。

4. 源码分析

在 jQuery Mobile 中,针对一个页面中多个 page 区域间的切换称为内链接,其方式为添加一个<a>元素,并将该元素的 href 属性值设置为#加对应 id 的形式,代码如下:

```
< a href = "#page2">详细页</a>
```

上述代码表示,单击"详细页"链接字样时,将切换到 id 号为 page2 的区域中。除内链接外,还有一个外链接,所谓的外链接是指通过单击页面中的某个链接字符,跳转到另外一个页面中,而不是在同一个页面内切换,其实现的方式与内链接相同,只是在<a>元素中增加了一个 rel 属性,并将该属性值设置为 external,表示外链接。代码如下:

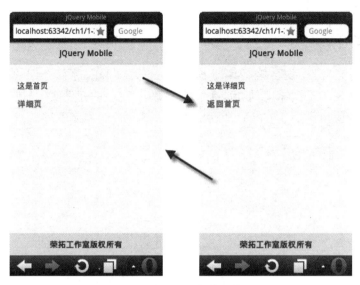

图 1-3　多页面间切换的效果

```
<a href = "a1.html" rel = "external">详细页</a>
```

上述代码表示，单击"详细页"链接字样时，将跳转至文件名 a1 的 HTML 页面中。在页面切换过程中，无论是内链接还是外链接，jQuery Mobile 都支持以动画的效果来进行，只需要在切换的<a>元素中再添加一个 data-transition 属性，并设置为某个属性值即可，代码如下：

```
<a href = "a1.html"
    rel = "external" data – transition = "pop">详细页</a>
```

上述代码表示，单击"详细页"链接时，将以弹出的动画效果跳转至文件名 a1 的 HTML 页面中。<a>元素的 data-transition 属性的更多取值如表 1-1 所示。

表 1-1　<a>元素的 data-transition 属性取值

值	说　　　　明	默　认　值
slide	从右到左滑动的动画效果	是
pop	以弹出的效果打开页面	否
slideup	向上滑动的动画效果	否
slidedown	向下滑动的动画效果	否
fade	渐变退色的动画效果	否
flip	旧页面飞出，新页飞入的动画效果	否

说明：当页面进行切换时，切换前的页面将自动隐藏，被链接的区域或页面自动展示在当前页面中，如果是内链接，仅显示指定 id 号并且 data-role 属性值为 page 的区域，其他范围都隐藏。

1.4 本章小结

本章先从功能特点、支持平台两方面对 jQuery Mobile 进行介绍，然后讲解 jQuery Mobile 的获取方法与工作原理，最后，通过两个简单、完整的开发实例，使读者对用 jQuery Mobile 开发移动应用程序有了初步的了解，为接下来的学习奠定基础。

第 2 章

页面与对话框

本章学习目标
- 了解 jQuery Mobile 页面的结构和加载方式；
- 理解并掌握 jQuery Mobile 页面脚本的使用；
- 掌握 jQuery Mobile 中对话框架的实现方法。

2.1 页面结构

由于 jQuery Mobile 的许多功能效果需要借助于 HTML 5 的新增标记和属性，因此，页面必须以 HTML 5 的声明文档开始，在<head>标记中分别依次导入 jQuery Moblie 的样式文件、jQuery 基础框架文件和 jQuery Mobile 插件文件，下面看一个 jQuery Mobile 的基本页面结构。

2.1.1 基本框架

在 jQuery Mobile 中，有一个基本的页面框架模型，即在页面中通过将一个<div>标记的 data-role 属性设置为 page，形成一个容器或视图，而在这个容器中最直接的子节点应该就是 data-role 属性为 header、content、footer 三个子容器，分别形成了"标题""内容""页脚"三个组成部分，用于容纳不同的页面内容。接下来通过一个简单实例来进行展示。

实例 2-1　jQuery Mobile 基本的页面框架

1. 功能说明

创建一个 jQuery Mobile 的基本框架页，并在页面组成部分中分别显示其对应内容的名称。

2. 实现代码

在 WebStorm 开发工具中，新创建一个 HTML 页面 2-1. html，加入如代码清单 2-1 所示的代码。

代码清单 2-1 jQuery Mobile 基本的页面框架

```
<!DOCTYPE html>
<html>
<head>
    <title>jQuery Mobile 基本的页面框架</title>
    <meta name="viewport" content="width=device-width,
        initial-scale=1" />
    <link href="css/jquery.mobile-1.4.5.min.css"
        rel="Stylesheet" type="text/css" />
    <script src="js/jquery-1.11.1.min.js"
        type="text/javascript"></script>
    <script src="js/jquery.mobile-1.4.5.min.js"
        type="text/javascript"></script>
</head>
<body>
<div data-role="page">
    <div data-role="header"
        data-position="fixed">
      <h1>标题</h1>
    </div>
    <div data-role="main"
        class="ui-content">
      <p>内容部分</p>
    </div>
    <div data-role="footer"
        data-position="fixed">
      <h4>页脚</h4>
    </div>
</div>
</body>
</html>
```

3. 页面效果

该页面在 Opera Mobile Emulator 12.1 下执行的效果如图 2-1 所示。

4. 源码分析

在本实例源码中,为了更好地支持 HTML 5 的新增加功能与属性,第一行以 HTML 5 的声明文档开始,即添加如下代码。

```
<!DOCTYPE html>
```

在<head>元素中,添加了一个名称为 viewport 的<meta>,并设置了该元素的 content 属性,代码如下。

```
<meta name="viewport" content="width=device-width,
  initial-scale=1" /
```

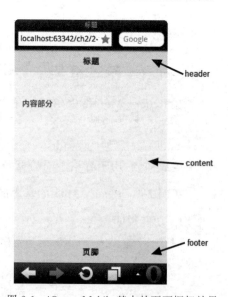

图 2-1 jQuery Mobile 基本的页面框架效果

这行代码的功能是设置移动设备中浏览器缩放的宽度与等级。通常情况下,移动设备的浏览器会默认一个约 900px 的宽度来显示页面,这种宽度会导致屏幕缩小、页面放大,不适合浏览;通过在页面中添加< meta >元素,并设置 content 的属性值为"width＝device-width,initial-scale＝1",可以使页面的宽度与移动设备的屏幕宽度相同,更加适合用户浏览。

在接下来的< body >元素中,通过将第一个< div >元素的 data-role 属性设置为 page,形成一个容器,然后在容器中分别添加 3 个< div >元素,并依次将 data-role 属性设置为 header、content、footer,从而形成了一个标准的 jQuery Mobile 页面的框架,详细实现过程如代码清单 2-1 所示。

2.1.2　多容器页面结构

在一个用于 jQuery Mobile 使用的 HTML 页面中,元素属性 data-role 值为 page 的容器,既可以包含一个,也允许包含多个,从而形成多容器页面结构,各容器之间各自独立,拥有唯一的 id 号属性,页面加载时,以堆栈的方式同时加载;容器访问时,以内部链接——♯加对应 id 的方式进行设置,当单击该链接时,jQuery Mobile 将在页面文档寻找对应 id 号的容器,以动画效果切换至该容器中,实现容器间内容的访问。

实例 2-2　jQuery Mobile 多容器页面结构

1. 功能说明

新建一个 HTML 页面,并在页面中添加两个 data-role 属性为 page 的< div >元素,作为两个页面容器,用户在第一个容器中选择需要查看天气预报的日期,单击某天后,切换至第二个容器,显示所选日期的详细天气情况。

2. 实现代码

在 WebStorm 开发工具中,新创建一个 HTML 页面 2-2.html,加入如代码清单 2-2 所示的代码。

代码清单 2-2　jQuery Mobile 多容器页面结构

```
<!DOCTYPE html >
< html >
< head >
    < title > jQuery Mobile 多容器页面结构</title>
    < meta name = "viewport" content = "width = device - width,
        initial - scale = 1" />
    < link href = "css/jquery.mobile - 1.4.5.min.css"
        rel = "Stylesheet" type = "text/css" />
    < script src = "js/jquery - 1.11.1.min.js"
        type = "text/javascript"></script>
    < script src = "js/jquery.mobile - 1.4.5.min.js"
        type = "text/javascript"></script>
</head>
< body >
```

```
< div data - role = "page">
  < div data - role = "header"
    data - position = "fixed">
    < h1 >天气预报</h1 ></div >
  < div data - role = "main"
    class = "ui - content">
      < p >
        < a href = "♯w1">今天</a >
        < a href = "♯">明天</a >
      </p >
  </div >
  < div data - role = "footer"
    data - position = "fixed">
    < h4 >© 2018 rttop.cn studio </h4 ></div >
</div >
< div data - role = "page"
    id = "w1" data - add - back - btn = "true">
  < div data - role = "header"
    data - position = "fixed">
    < h1 >今天天气</h1 >
  </div >
  < div data - role = "main"
    class = "ui - content">
    < p >4～ - 7℃ < br />晴转多云< br />微风</p >
  </div >
  < div data - role = "footer"
    data - position = "fixed">
    < h4 >© 2018 rttop.cn studio </h4 >
  </div >
</div >
</body >
</html >
```

3. 页面效果

该页面在 Opera Mobile Emulator 12.1 下执行的效果如图 2-2 所示。

4. 源码分析

在本实例页面中,从第一个容器切换至第二个容器时,采用的是♯加对应 id 的内部链接方式,因此,在一个页面中,不论相同框架的 page 容器有多少,只要对应的 id 号唯一,就可以通过内部链接的方式进行容器间的切换,在切换时,jQuery Mobile 会在文档中寻找对应 id 的容器,然后通过动画的效果切换到该页面中。

从第一个容器切换至第二个容器后,如果想要从第二个容器返回第一个容器,有下列两种方法。

(1) 在第二个容器中,同样增加一个< a >元素,通过内部链接♯加对应 id 的方式返回第一个容器。

图 2-2　外部页面链接的切换效果

（2）在第二个容器的最外层框架<div>元素中，添加一个 data-add-back-btn 属性，该属性表示是否在容器的左上角增加一个"回退"按钮，默认值为 false，如果设置为 true，则将出现一个 back 按钮，单击该按钮，回退上一级的页面显示。

说明：如果是在一个页面中，通过#加对应 id 的内部链接方式，可以实现多容器间的切换，但如果不是在一个页面，此方法将失去作用，因为在切换过程中，需要先找到页面，再去锁定对应 id 容器的内容，而并非直接根据 id 切换至容器中。

2.1.3　外部页面链接

虽然在一个页面中，可以借助容器的框架，实现多种页面的显示，但是，把全部代码写在一个页面中，会延缓页面被加载的时间，使代码冗余，且不利于功能的分工与维护的安全性，因此，在 jQuery Mobile 中，可以采用开发多个页面，通过外部链接的方式，实现页面的相互切换的效果，下面通过一个简单的实例来介绍它是如何实现的。

实例 2-3　jQuery Mobile 外部页面链接

1. 功能说明

在实例 2-2 的基础之上，在 id 号为 w1 的第二个容器中，添加一个<em>元素，在该元素中，显示"rttop.cn 提供"字样，当单击 rttop.cn 这部分文本链接时，将以外部页面链接的方式加载一个名为 about.html 的 HTML 页面。

2. 实现代码

在 WebStorm 开发工具中，新创建一个 HTML 页面 2-3.html，加入如代码清单 2-3-1 所示的代码。

代码清单 2-3-1　jQuery Mobile 外部页面链接

```html
<!DOCTYPE html>
<html>
<head>
    <title>jQuery Mobile 外部页面链接</title>
    <meta name="viewport" content="width=device-width,
        initial-scale=1" />
    <link href="css/jquery.mobile-1.4.5.min.css"
        rel="Stylesheet" type="text/css" />
    <script src="js/jquery-1.11.1.min.js"
        type="text/javascript"></script>
    <script src="js/jquery.mobile-1.4.5.min.js"
        type="text/javascript"></script>
</head>
<body>
  <div data-role="page">
    <div data-role="header"
      data-position="fixed">
    <h1>天气预报</h1></div>
    <div data-role="main"
      class="ui-content">
        <p>
          <a href="#w1">今天</a>|
          <a href="#">明天</a>|
          <a href="#">后天</a>
        </p>
    </div>
    <div data-role="footer"
        data-position="fixed">
      <h4>© 2018 rttop.cn studio</h4>
    </div>
  </div>
  <div data-role="page"
      id="w1" data-add-back-btn="true">
    <div data-role="header"
      data-position="fixed">
      <h1>今天天气</h1></div>
    <div data-role="main"
      class="ui-content">
        <p>4～-7℃<br />晴转多云<br />微风</p>
        <em style="float:right;padding-right:5px">
          <a href="about.html" rel="C">rttop.cn</a>提供
        </em>
    </div>
    <div data-role="footer"
        data-position="fixed">
      <h4>© 2018 rttop.cn studio</h4>
  </div>
  </div>
</body>
</html>
```

另外,新建一个用于外部链接的 HTML 页面 about.html,加入如代码清单 2-3-2 所示的代码。

代码清单 2-3-2 jQuery Mobile 外部页面链接

```
<!DOCTYPE html>
<html>
<head>
    <title>关于 rttop</title>
    <meta name = "viewport" content = "width = device - width" />
</head>
<body>
  <div data - role = "page" data - add - back - btn = "true">
    <div data - role = "header"
        data - position = "fixed">
      <h1>关于 rttop</h1>
    </div>
    <div data - role = "main" class = "ui - content">
      <p>   
        rttop.cn 是一家新型高科技企业,正在努力实现飞翔的梦想.
      </p>
    </div>
    <div data - role = "footer"
        data - position = "fixed">
      <h4>© 2018 rttop.cn studio</h4>
    </div>
  </div>
</body>
</html>
```

3. 页面效果

该页面在 Opera Mobile Emulator 12.1 下执行的效果如图 2-3 所示。

4. 源码分析

在 jQuery Mobile 中,如果单击一个指向外部页面的超级链接,如(about.html),那么,jQuery Moible 将自动分析该 URL 地址,自动产生一个 Ajax 请求,在请求过程中,会弹出一个显示进度的提示框。如果请求成功,jQuery Mobile 将自动构建页面结构,注入至主页面的内容中,同时,初始化全部的 jQuery Mobile 组件,将新添加的页面内容显示在浏览器中;如果请求失败,那么,jQuery Mobile 将弹出一个错误信息提示框,数秒后该提示框自动消失,页面也不会刷新。

如果不想采用 Ajax 请求的方式打开一个外部页面,只需要在链接元素中将 rel 属性设置为 external,那么,该页面将脱离整个 jQuery Mobile 的主页面环境,以独自打开的页面效果在浏览器中显示。

说明:如果采用 Ajax 请求的方式,打开一个外部页面,注入主页面的内容也是以 page 为目标,page 以外的内容将不会被注入主页面中;另外,必须确保外部加载页面 URL 地址的唯一性。

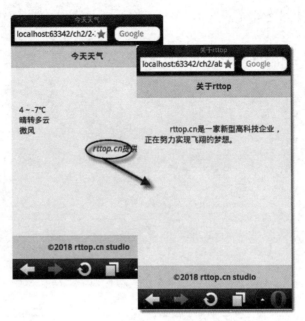

图 2-3　外部页面链接的切换效果

2.1.4　页面后退链接

在 jQuery Mobile 页面中,除了设置 page 容器的 data-add-back-btn 属性为 true 可以后退至上一页面外,还可以通过添加一个<a>元素,并设置该元素的 data-rel 属性为 back 值,当单击该元素时,同样可以实现后退至上一页的功能。因为一旦该链接元素的 data-rel 属性设置为 back 值,那么,单击该链接将被视为后退行为,且将忽视 href 属性的 URL 值,直接退回至浏览器历史的上一页面。

实例 2-4　jQuery Mobile 页面后退链接

1. 功能说明

在一个新建的 HTML 中,添加两个 page 容器,当单击第一个容器中的"测试后退链接"链接时,切换到第二个容器,单击第二个容器中的"返回首页"链接时,则将以回退的方式返回到第一个容器中。

2. 实现代码

在 WebStorm 开发工具中,新创建一个 HTML 页面 2-4. html,加入如代码清单 2-4 所示的代码。

代码清单 2-4　jQuery Mobile 页面后退链接

```
<!DOCTYPE html>
<html>
<head>
    <title> jQuery Mobile 页面后退链接</title>
    <meta name = "viewport" content = "width = device - width,
```

```
                initial - scale = 1" />
        < link href = "css/jquery. mobile - 1. 4. 5. min. css"
              rel = "Stylesheet" type = "text/css" />
        < script src = "js/jquery - 1. 11. 1. min. js"
              type = "text/javascript"></script>
        < script src = "js/jquery. mobile - 1. 4. 5. min. js"
              type = "text/javascript"></script>
</head>
< body >
  < div data - role = "page">
    < div data - role = "header"
          data - position = "fixed">
      < h1 >测试</h1>
    </div>
    < div data - role = "main"
          class = "ui - content">
        < p >
          < a href = "♯e">测试后退链接</a>
        </p>
    </div>
    < div data - role = "footer"
          data - position = "fixed">
      < h4 >© 2018 rttop. cn studio </h4 >
    </div>
  </div>
  < div data - role = "page" id = "e">
    < div data - role = "header"
          data - position = "fixed">
      < h1 >测试</h1>
    </div>
    < div data - role = "main" class = "ui - content">
        < p >
          < a href = "http://www. rttop. cn"
            direction = "reverse">返回首页
          </a>
        </p>
    </div>
    < div data - role = "footer"
          data - position = "fixed">
      < h4 >© 2018 rttop. cn studio </h4 >
    </div>
  </div>
</body>
</html >
```

3. 页面效果

该页面在 Opera Mobile Emulator 12.1 下执行的效果如图 2-4 所示。

图 2-4　页面的回退效果

4．源码分析

在本实例的第二个 page 容器中，为了使用户在本容器中，单击"返回首页"时，可以回退到上一页，在添加<a>元素时，将 data-rel 属性设置为 back，即表明任何的单击操作都被视为回退动作，并且忽视元素 href 属性值设置的 URL 地址，只是直接回退到上一个历史记录页面。这种页面切换的效果，可以用于关闭一个被打开的对话框或页面。

说明：在设置回退链接属性时，除将 data-rel 属性设置为 back 外，还要尽量将 href 属性设置为一个可以访问的正确 URL 地址，以确保更多的浏览器可以单击该链接按钮。

2.2　预加载与页面缓存

通常情况下，移动终端设备的系统配置要低于 PC 终端，因此，在开发移动应用程序时，更要注意页面在移动终端浏览器中加载时的速度，如果速度过慢，那么对用户的体验将会大打折扣，而为了加快页面移动终端访问的速度，在 jQuery Mobile 中，使用预加载与页面缓存都是十分有效果的方法。当一个被链接的页面设置好预加载后，jQuery Mobile 将在加载完成当前页面后自动在后台进行预加载设置的目标页面；另外，使用页面缓存的方法，可以将被访问过的 page 容器都缓存到当前的页面文档中，下次再访问时，将可以直接从缓存中读取，而无须再重新加载页面。

2.2.1　预加载

在开发移动应用程序时，对需要链接的页面进行预加载是十分有必要的，因为当一个被链接的页面被设置成预加载方式时，在当前页面加载完成之后，被预加载的目标页面也被自动加载到当前文档中，用户单击后就可以马上打开，大大加快了页面访问的速度。

实例 2-5　jQuery Mobile 页面预加载

1. 功能说明

在新建的一个 HTML 页面中,添加一个<a>元素,设置该元素的 href 属性为 about. html,并将 data-prefetch 属性值设置为 true,表示预加载<a>元素的链接页面。

2. 实现代码

在 WebStorm 开发工具中,新创建一个 HTML 页面 2-5.html,加入如代码清单 2-5 所示的代码。

代码清单 2-5　jQuery Mobile 页面预加载

```html
<!DOCTYPE html>
<html>
<head>
    <title>jQuery Mobile 页面预加载</title>
    <meta name = "viewport" content = "width = device - width,
        initial - scale = 1" />
    <link href = "css/jquery.mobile - 1.4.5.min.css"
        rel = "Stylesheet" type = "text/css" />
    <script src = "js/jquery - 1.11.1.min.js"
        type = "text/javascript"></script>
    <script src = "js/jquery.mobile - 1.4.5.min.js"
        type = "text/javascript"></script>
</head>
<body>
  <div data - role = "page">
    <div data - role = "header"
        data - position = "fixed">
      <h1>预加载页</h1>
    </div>
    <div data - role = "main" class = "ui - content">
      <p>
        <a href = "about.html"
         data - prefetch = "true">单击进入
        </a>
      </p>
    </div>
    <div data - role = "footer"
        data - position = "fixed">
      <h4>© 2018 rttop.cn studio</h4>
    </div>
  </div>
</body>
</html>
```

3. 页面效果

该页面在 Opera Mobile Emulator 12.1 下执行的效果如图 2-5 所示。

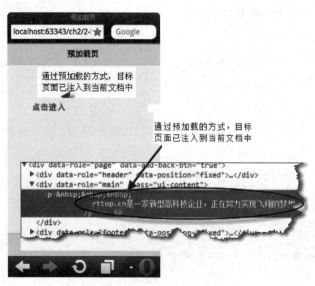

图 2-5　使用预加载方式注入链接页面

4. 源码分析

从图 2-5 可以很清楚地看到,<a>元素链接的目标页面 about.html 中的 page 容器内容已经通过预加载的方式被注入到当前文档中。

在 jQuery Mobile 中,想要实现页面的预加载,有如下两种方式。

(1) 在需要链接页面的元素中,添加 data-prefetch 属性,并设置属性值为 true 或不设置属性值均可;设置为该属性值后,jQuery Mobile 将在加载完成当前页面以后自动加载该链接元素所指的目标页面,即 href 属性的值。

(2) 通过调用 JavaScript 代码中的 $.mobile.loadPage() 全局性方法来实现预加载指定的目标 HTML 页面,其最终的效果与设置元素的 data-prefetch 属性一样,详细的实现过程,将在 2.3.3 节进行详细介绍。

说明:无论是使用添加元素的 data-prefetch 属性,还是通过使用 $.mobile.loadPage() 全局性方法来实现页面的预加载功能,都允许同时加载多个页面,但由于在进行预加载的过程中,需要加大页面 http 的访问请求,可能会延缓页面访问的速度,因此,该功能需要有选择性地使用。

2.2.2　页面缓存

除使用页面预加载的方式在主页面中注入需要打开的目标内容外,在 jQuery Mobile 中,还可以通过页面缓存的方式,将访问过的历史内容都写入页面文档的缓存中。当用户重新访问时,将不再需要重新加载,只需从缓存中读取即可。

实例 2-6　jQuery Mobile 页面缓存

1. 功能说明

新建一个 HTML 页面,在内容区域中显示"这是一个被缓存的页面"的字样,并且通过将 page 容器的 data-dom-cache 属性设置为 true 的方式,将该页面的内容注入文档的缓存中。

2. 实现代码

在 WebStorm 开发工具中,新创建一个 HTML 页面 2-6. html,加入如代码清单 2-6 所示的代码。

代码清单 2-6 jQuery Mobile 页面缓存

```html
<!DOCTYPE html>
<html>
<head>
    <title>jQuery Mobile 页面缓存</title>
    <meta name="viewport" content="width=device-width,
        initial-scale=1" />
    <link href="css/jquery.mobile-1.4.5.min.css"
        rel="Stylesheet" type="text/css" />
    <script src="js/jquery-1.11.1.min.js"
        type="text/javascript"></script>
    <script src="js/jquery.mobile-1.4.5.min.js"
        type="text/javascript"></script>
    <script type="text/javascript">
        $(function() {
            $.mobile.page.prototype.options.domCache = true;
        });
    </script>
</head>
<body>
  <div data-role="page" data-dom-cache="true">
    <div data-role="header"
        data-position="fixed">
      <h1>缓存页面</h1>
    </div>
    <div data-role="main" class="ui-content">
        <p>这是一个被缓存的页面</p>
    </div>
    <div data-role="footer"
        data-position="fixed">
      <h4>© 2018 rttop.cn studio</h4>
    </div>
  </div>
</body>
</html>
```

3. 页面效果

该页面在 Opera Mobile Emulator 12.1 下执行的效果如图 2-6 所示。

4. 源码分析

在本实例中,通过添加 page 容器的 data-dom-cache 属性,将对应容器中的全部内容写入缓存中。一般说来,如果需要将页面的内容写入文档缓存中,有以下两种方式。

（1）在需要被缓存的元素属性中,添加一个 data-dom-cache 属性,并设置该属性值为 true 或不设置属性值均可,该属性的功能是将对应的元素内容写入缓存中。

（2）通过 JavaScript 代码设置一个全局性的 jQuery Mobile 属性值为真,即添加如下的代码: $. mobile. page. prototype. options. domCache = true,该属性的功能是将当前文档写入缓存中。

说明：使用页面缓存的功能将会导致 DOM 内容变大,可能会导致某些浏览器打开的速度变得缓慢,因此,一旦选择了开启使用缓存功能,就要管理好缓存的内容,并做到及时清理。

图 2-6　将页面的内容注入文档缓存中

2.3　页面的脚本

由于在 jQuery Mobile 中是通过 Ajax 请求的方式加载页面的,因此,在编写页面脚本时,需要与在 PC 端开发页面时区分开,通常情况下,当页面在初始化时会触发 pagecreate 事件,在该事件中可以做一些页面组件初始化的动作。如果需要通过 JavaScript 代码改变当前的工作页面,可以调用 jQuery Mobile 中提供的 changePage 方法,此外,还可以调用 loadPage 方法来加载指定的外部页面,注入至当前文档中,接下来将逐一对这些常用的页面脚本中的事件与方法进行介绍。

2.3.1　pagecreate 创建页面事件

在 jQuery Mobile 中,页面是被请求后注入到当前的 DOM 结构中,因此,在 jQuery 中所提及的 $(document). ready()事件在 jQuery Mobile 中不会被重复执行,只有在初始化加载页面时才会被执行一次,而如果想要跟踪不同页面的内容注入到当前的 DOM 结构中,可以将页面中的 page 容器绑定 pagecreate 事件,该事件在页面初始化时触发,绝大多数的 jQuery Mobile 组件都在该事件之后进行一些数据的初始化。

实例 2-7　jQuery Mobile 中的 pagecreate 事件

1. 功能说明

新建一个 HTML 页面,添加一个 id 号为 e1 的 page 容器,并将该容器与 pagebeforecreate 和 pagecreate 事件进行绑定,在页面执行时,通过绑定的事件跟踪执行的过程。

2. 实现代码

在 WebStorm 开发工具中,新创建一个 HTML 页面 2-7. html,加入如代码清单 2-7 所示的代码。

代码清单 2-7 jQuery Mobile 中的 pagecreate 事件

```html
<!DOCTYPE html>
<html>
<head>
    <title> jQuery Mobile 中的 pagecreate 事件</title>
    <meta name = "viewport" content = "width = device - width,
        initial - scale = 1" />
    <link href = "css/jquery. mobile-1.4.5.min. css"
        rel = "Stylesheet" type = "text/css" />
    <script src = "js/jquery-1.11.1.min. js"
        type = "text/javascript"></script>
    <script src = "js/jquery. mobile-1.4.5.min. js"
        type = "text/javascript"></script>
    <script type = "text/javascript">
        $ (document). on("pagebeforecreate", "#e1",
        function() {
          alert("正在创建页面!");
        });
        $ (document). on("pagecreate", "#e1",
        function() {
          alert("页面创建完成!");
        });
    </script>
</head>
<body>
  <div data-role = "page" id = "e1">
    <div data-role = "header"
        data-position = "fixed">
     <h1>创建页面</h1>
    </div>
    <div data-role = "main" class = "ui-content">
        <p>页面创建完成!</p>
    </div>
    <div data-role = "footer"
        data-position = "fixed">
     <h4>© 2018 rttop. cn studio </h4>
    </div>
  </div>
</body>
</html>
```

3. 页面效果

该页面在 Opera Mobile Emulator 12.1 下执行的效果如图 2-7 所示。

4. 源码分析

在本实例中,id 为 e1 的 page 容器绑定了 pagebeforecreate 和 pagecreate 两个事件,pagebeforecreate 事件早于 pagecreate 事件,即在页面被加载、jQuery Mobile 组件开始初始

图 2-7　页面中的 pagebeforecreate 与 pagecreate 事件

化前触发,通常在这一事件中,可以添加一些页面加载的动画提示效果,直到 pagecreate 事件触发时,效果结束。

在本实例的 JavaScript 代码中,既可以使用 live()方法绑定元素的触发的事件,还可以使用 bind()与 delegate()方法,同样可以实现为绑定的元素添加指定的事件。

2.3.2　changePage 跳转页面方法

如果需要使用 JavaScript 代码切换当前显示的页面,实现页面的动态跳转功能,可以调用 jQuery Mobile 中的 changePage()方法,该方法可以设置跳转页面的 URL 地址、跳转时的动画效果和需要携带的数据,接下来通过一个简单的实例详细说明该方法的使用过程。

实例 2-8　jQuery Mobile 中的 changePage()方法

1. 功能说明

新建一个 HTML 页面,在页面中显示"页面正在跳转中.."的字样,然后通过调用 changePage()方法,从当前页以 slideup 的动画切换效果,跳转到 about.html 页面中。

2. 实现代码

在 WebStorm 开发工具中,新创建一个 HTML 页面 2-8.html,加入如代码清单 2-8 所示的代码。

代码清单 2-8　jQuery Mobile 中的 changePage()方法

```
<!DOCTYPE html>
<html>
<head>
    <title>jQuery Mobile 跳转页面</title>
    <meta name = "viewport" content = "width = device - width,
        initial - scale = 1" />
```

```
< link href = "css/jquery.mobile - 1.4.5.min.css"
        rel = "Stylesheet" type = "text/css" />
< script src = "js/jquery - 1.11.1.min.js"
        type = "text/javascript"></script>
< script src = "js/jquery.mobile - 1.4.5.min.js"
        type = "text/javascript"></script>
< script type = "text/javascript">
    $ (function() {
        $ .mobile.changePage("about.html",
        { transition: "slideup" });
    })
</script>
</head>
<body>
  < div data - role = "page" id = "e1">
    < div data - role = "header"
        data - position = "fixed">
      < h1>跳转页面</h1>
    </div>
    < div data - role = "main" class = "ui - content">
        < p>页面正在跳转中...</p>
    </div>
    < div data - role = "footer"
        data - position = "fixed">
      < h4 >© 2018 rttop.cn studio </h4>
    </div>
  </div>
</body>
</html>
```

3. 页面效果

该页面在 Opera Mobile Emulator 12.1 下执行的效果如图 2-8 所示。

图 2-8　使用 changePage()进行页面的动态跳转

4. 源码分析

在本实例中,由于 changePage()方法在页面加载时被执行,因此,在浏览主页面时,便直接通过调用 changePage()方法跳转至目标页 about.html 中。使用 changePage()方法除可以跳转页面外,还能携带数据,传递给跳转的目标页,代码如下:

```
$.mobile.changePage("login.php",
  { type: "post",
    data: $("form#login").serialize()
  },
  "pop", false, false
)
```

上述代码表示将 id 号为 login 的表单数据进行序列化后,传递给 login.php 页面进行处理。另外,pop 表示跳转时的页面效果,第一个 false 值表示跳转时的方向,如果为 true 则表示反方向进行跳转,默认值为 false,第二个 false 值表示完成跳转后,是否更新历史浏览记录,默认值为 true 表示更新。

说明: 当指定跳转的目标页面不存在或传递的数据格式不正确时,都会在当前页面出现一个错误信息提示框,几秒钟后自动消失,不影响当前页面的内容显示。

2.3.3　loadPage 加载页面方法

在 2.2.1 节介绍了通过添加元素的 data-prefetch 属性,实现预加载指定链接页面的功能,除此之外,如果想要通过使用 JavaScript 方法动态加载任意指定的页面,可以调用 jQuery Mobile 提供的 loadPage()公共方法,其实现的最终效果与设置元素的属性一样,都可以使当前页在加载完成后自动将目标页面注入至 DOM 中。

实例 2-9　jQuery Mobile 中的 loadPage()方法

1. 功能说明

新建一个 HTML 页面,调用 jQuery Mobile 中的 loadPage()方法加载 about.html 页面,当加载完成后,单击显示的链接字符,便切换至 about.html 页面。

2. 实现代码

在 WebStorm 开发工具中,新创建一个 HTML 页面 2-9.html,加入如代码清单 2-9 所示的代码。

代码清单 2-9　jQuery Mobile 中的 loadPage()方法

```
<!DOCTYPE html>
<html>
<head>
  <title>jQuery Mobile 加载页面</title>
  <meta name="viewport" content="width=device-width,
        initial-scale=1" />
  <link href="css/jquery.mobile-1.4.5.min.css"
        rel="Stylesheet" type="text/css" />
```

```
<script src = "js/jquery-1.11.1.min.js"
        type = "text/javascript"></script>
<script src = "js/jquery.mobile-1.4.5.min.js"
        type = "text/javascript"></script>
<script type = "text/javascript">
    $(function() {
        $.mobile.loadPage("about.html");
    })
</script>
</head>
<body>
  <div data-role = "page" id = "e1">
     <div data-role = "header"
           data-position = "fixed">
         <h1>加载页面</h1>
     </div>
     <div data-role = "main" class = "ui-content">
       <p>页面已加载成功!
          <a href = "about.html">单击</a>
       </p>
     </div>
     <div data-role = "footer"
          data-position = "fixed">
        <h4>© 2018 rttop.cn studio</h4>
     </div>
  </div>
</body>
</html>
```

3．页面效果

该页面在 Opera Mobile Emulator 12.1 下执行的效果如图 2-9 所示。

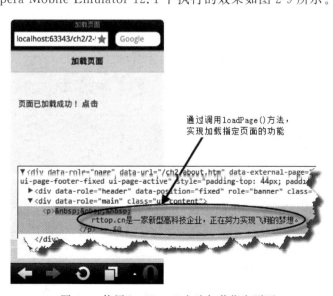

图 2-9　使用 loadPage()方法加载指定页面

4. 源码分析

在本实例中,通过调用 jQuery Mobile 中提供的 loadPage()方法可以指定任意页面加载到当前的 DOM 中,当执行完该方法时,pagecreate 事件将会被重新触发,因为整个 DOM 的结构发生了变化,指定的目标页面已注入到当前文档中,这时可以通过查看当前页面的源代码,查找被注入的目标页面内容,如图 2-9 所示。

2.4 对话框

在 jQuery Mobile 中,创建对话框的方式十分方便,只需要在指向页面的链接元素中添加一个 data-rel 属性,并将该属性值设置为 dialog,那么,单击该链接时,打开的页面将以一个对话框的形式展示在浏览器中,当单击对话框中的任意链接时,打开的对话框将自动关闭,并以"回退"的形式切换至上一页中;此外,还可以在对话框中创建一个"取消"按钮,通过设置元素属性或编写 JavaScript 代码的方式来关闭当前打开的对话框。

2.4.1 创建简单对话框

通过设置链接元素的 data-rel 属性值为 true,打开的对话框实际上也是一个标准的 page 容器,因此,在打开时,也可以通过设置 data-transition 属性值,选择打开对话框时的切换页面的动画效果。下面通过一个简单的实例来说明如何创建一个简单的对话框。

实例 2-10　jQuery Mobile 中创建对话框页

1. 功能说明

新建一个 HTML 页面,在页面中添加一个<a>元素,并将该元素的 data-rel 属性设置为 dialog,表示以对话框的形式打开链接元素指定的目标 URL 地址。

2. 实现代码

在 WebStorm 开发工具中,新创建一个 HTML 页面 2-10. html,加入如代码清单 2-10-1 所示的代码。

代码清单 2-10-1　jQuery Mobile 中创建对话框页

```
<!DOCTYPE html>
<html>
<head>
    <title>jQuery Mobile 打开对话框</title>
    <meta name = "viewport" content = "width = device - width,
        initial - scale = 1" />
    <link href = "css/jquery.mobile - 1.4.5.min.css"
        rel = "Stylesheet" type = "text/css" />
    <script src = "js/jquery - 1.11.1.min.js"
        type = "text/javascript"></script>
    <script src = "js/jquery.mobile - 1.4.5.min.js"
        type = "text/javascript"></script>
</head>
```

```
< body >
  < div data - role = "page" id = "el" >
    < div data - role = "header"
         data - position = "fixed" >
      < h1 >对话框</h1 >
    </div >
    < div data - role = "main" class = "ui - content" >
      < p >
        < a href = "dialog. html"
           data - rel = "dialog"
           data - transition = "pop">打开对话框
        </a >
      </p >
    </div >
    < div data - role = "footer"
         data - position = "fixed" >
      < h4 >© 2018 rttop. cn studio </h4 >
    </div >
  </div >
</body >
</html >
```

另外,创建一个用于对话框的 HTML 页面 dialog. html,加入如代码清单 2-10-2 所示的
代码。

代码清单 2-10-2　jQuery Mobile 中创建对话框页

```
<! DOCTYPE html >
< html >
< head >
    < title >简单的对话框</title >
    < meta name = "viewport" content = "width = device - width,
          initial - scale = 1" />
</head >
< body >
  < div data - role = "page" >
    < div data - role = "header"
          data - position = "fixed" >
      < h1 >主题</h1 >
    </div >
    < div data - role = "main" class = "ui - content" >
      < p >这是一个简单的对话框!</p >
    </div >
    < div data - role = "footer"
          data - position = "fixed" >
      < h4 >© 2018 rttop. cn studio </h4 >
    </div >
  </div >
</body >
</html >
```

3. 页面效果

该页面在 Opera Mobile Emulator 12.1 下执行的效果如图 2-10 所示。

图 2-10　在浏览器中打开标准对话框的效果

4. 源码分析

在本实例中,设置链接的 data-rel 属性为 dialog 值后,通过该链接打开的页面将以对话框的形式展示在当前页面中,该对话框以模式的方式浮在当前页的上面,背景添加深色,四周以圆角的效果显示,并在左上角自带一个"×"的关闭按钮,单击该按钮后,对话框将自动关闭。

2.4.2　关闭对话框

在打开的对话框中,除了使用自带的"×"关闭按钮可以关闭打开的对话框外,还可以在对话框内添加其他链接按钮,并将该链接的 data-rel 属性设置为 back 值,单击该链接时,也可以实现关闭对话框的功能。下面通过一个简单的实例来说明如何创建一个关闭对话框。

实例 2-11　jQuery Mobile 中的关闭对话框页

1. 功能说明

新建一个 HTML 页面,并添加一个<a>元素的链接,单击该链接时,将以对话框的形式弹出一个指定的页面,当单击对话框中的"关闭"按钮时,可以直接关闭打开的对话框。

2. 实现代码

在 WebStorm 开发工具中,新创建一个 HTML 页面 2-11.html,加入如代码清单 2-11-1所示的代码。

代码清单 2-11-1　jQuery Mobile 中的关闭对话框页

```
<!DOCTYPE html>
<html>
```

```
<head>
    <title>jQuery Mobile 关闭对话框</title>
    <meta name="viewport" content="width=device-width,
        initial-scale=1" />
    <link href="css/jquery.mobile-1.4.5.min.css"
        rel="Stylesheet" type="text/css" />
    <script src="js/jquery-1.11.1.min.js"
        type="text/javascript"></script>
    <script src="js/jquery.mobile-1.4.5.min.js"
        type="text/javascript"></script>
</head>
<body>
  <div data-role="page" id="e1">
    <div data-role="header"
        data-position="fixed">
      <h1>对话框</h1>
    </div>
    <div data-role="main" class="ui-content">
      <p>
        <a href="close.html"
          data-rel="dialog"
          data-transition="pop">关闭
        </a>
      </p>
    </div>
    <div data-role="footer"
        data-position="fixed">
      <h4>© 2018 rttop.cn studio</h4>
    </div>
  </div>
</body>
</html>
```

另外,创建一个用于对话框的 HTML 页面 close.html,加入如代码清单 2-11-2 所示的代码。

代码清单 2-11-2　jQuery Mobile 中的对话框页

```
<!DOCTYPE html>
<html>
<head>
    <title>系统提示</title>
    <meta name="viewport" content="width=device-width,
        initial-scale=1" />
</head>
<body>
  <div data-role="page">
    <div data-role="header"
        data-position="fixed">
      <h1>提示</h1>
```

```
        </div>
        <div data-role="main" class="ui-content">
        <p>真的要关闭弹出的对话框吗?</p>
        <p>
          <a href="#"
          data-role="button"
          data-rel="back"
          data-theme="a">关闭
          </a>
        </p>
        </div>
        <div data-role="footer"
             data-position="fixed">
          <h4>© 2018 rttop.cn studio</h4>
        </div>
      </div>
  </body>
</html>
```

3. 页面效果

该页面在 Opera Mobile Emulator 12.1 下执行的效果如图 2-11 所示。

图 2-11　在浏览器中打开自带"关闭"按钮对话框的效果

4. 源码分析

在本实例中,通过在对话框中将链接元素的 data-rel 属性设置为 back,当单击该链接时,将自动关闭当前打开的对话框,这种方法,在不支持 JavaScript 代码的浏览器中,同样可以实现对应的功能。另外,也支持编写 JavaScript 代码实现关闭对话框的功能。代码如下所示:

```
$('.ui-dialog').dialog('close')
```

上述代码同样也可以实现关闭当前对话框的功能。

2.5 本章小结

本章首先从 jQuery Mobile 应用程序的基本页面结构讲起,通过多个简单实用的实例开发,使读者了解移动应用的基本框架和多容器页的结构以及链接外部页的方法。

然后,在了解页面结构的基础上,进一步阐述实现页面预加载和页缓存的方法与技巧,另外,详细说明了 jQuery Mobile 页面中常用事件与方法的调用。

最后,介绍了在 jQuery Mobile 中创建与关闭对话框的方法,通过本章的学习,使读者进一步了解与掌握 jQuery Mobile 基本框架与常用元素的使用技巧。

第 3 章

工具栏与格式化内容

本章学习目标

- 理解并掌握 jQuery Mobile 页面中各类工具栏的使用；
- 掌握 jQuery Mobile 中内容格式化实现的方法。

3.1 头部栏

头部栏是移动应用中工具栏的组成部分，由页面标题和最多两个按钮组成，用来说明该页面的主题内容，头部栏也是 page 容器中的第一个元素，放置的位置十分重要，另外，头部栏中的两个按钮除可以使用"后退"按钮外，还可以添加表单元素中的按钮，并可以通过设置相关属性控制头部按钮中的相对位置，接下来逐一进行详细介绍。

3.1.1 基本结构

头部栏由标题文字和左右两边的按钮构成，标题文字通常使用< h >标记，取值范围为(1～6)，常用< h1 >标记，无论取值是多少，在同一个移动应用项目中，都要保持一致。标题文字的左右两边可以分别放置一或两个按钮，用于标题中的导航操作。下面通过一个简单实例展示移动应用中头部栏的基本结构。

实例 3-1　头部栏的基本结构

1. 功能说明

新建一个 HTML 页面，添加一个 page 容器，在容器中添加一个 data-role 属性为 header 的< div >元素作为头部栏，在头部栏中添加一个< h1 >元素作为标题，标题内容设为"头部栏标题"。

2. 实现代码

在 WebStorm 开发工具中，新创建一个 HTML 页面 3-1. html，加入如代码清单 3-1 所示的代码。

代码清单 3-1　头部栏的基本结构

```
<!DOCTYPE html>
<html>
<head>
    <title>jQuery Mobile 头部栏基本结构</title>
    <meta name="viewport" content="width=device-width,
        initial-scale=1" />
    <link href="css/jquery.mobile-1.4.5.min.css"
        rel="Stylesheet" type="text/css" />
    <script src="js/jquery-1.11.1.min.js"
        type="text/javascript"></script>
    <script src="js/jquery.mobile-1.4.5.min.js"
        type="text/javascript"></script>
</head>
<body>
  <div data-role="page">
    <div data-role="header"
        data-position="fixed">
      <h1>头部栏标题</h1>
    </div>
    <div data-role="main" class="ui-content">
        <p>默认头部栏的特征</p>
    </div>
    <div data-role="footer"
        data-position="fixed">
      <h4>© 2018 rttop.cn studio</h4>
    </div>
  </div>
</body>
</html>
```

3. 页面效果

该页面在 Opera Mobile Emulator 12.1 下执行的效果
如图 3-1 所示。

4. 源码分析

由于移动设备的浏览器分辨率不尽相同,如果尺寸过
小,而头部栏的标题内容又很长时,jQuery Mobile 会自动调
整需要显示的标题内容,隐藏的内容通过"…"显示在头部
栏中。

另外,头部栏中默认的主题样式为 a,如果要修改默认主
题样式,只需要在头部栏标签中添加一个 data-theme 属性,
设置对应的主题样式值即可,更多 jQuery Mobile 中的主题
内容,第 5 章中将会有详细的介绍。

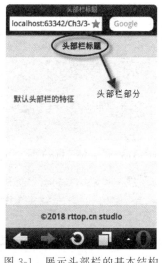

图 3-1　展示头部栏的基本结构

3.1.2　设置后退按钮的文字

在 2.1.2 节中介绍过通过给 header 容器元素添加 data-add-back-btn 属性可以在头部栏的左侧增加一个默认名为 back 的后退按钮,除添加按钮外,还可以通过修改 header 容器元素的 data-back-btn-text 属性值,设置后退按钮中显示的文字。

实例 3-2　设置后退按钮的文字

1. 功能说明

在新建的 HTML 页面中,添加三个 page 容器,id 号分别为 e1、e2、e3,分别用于显示"首页""下一页""尾页"内容,当切换到"下一页"时,头部栏的"回退"按钮文字为默认值 back,切换到"尾页"时,头部栏的"回退"按钮文字为"首页"字样。

2. 实现代码

在 WebStorm 开发工具中,新创建一个 HTML 页面 3-2. html,加入如代码清单 3-2 所示的代码。

代码清单 3-2　设置后退按钮的文字

```
<!DOCTYPE html>
<html>
<head>
    <title>jQuery Mobile 设置后退按钮的文字</title>
    <meta name = "viewport" content = "width = device - width,
        initial - scale = 1" />
    <link href = "css/jquery.mobile - 1.4.5.min.css"
        rel = "Stylesheet" type = "text/css" />
    <script src = "js/jquery - 1.11.1.min.js"
        type = "text/javascript"></script>
    <script src = "js/jquery.mobile - 1.4.5.min.js"
        type = "text/javascript"></script>
</head>
<body>
  <div data - role = "page" id = "e1">
    <div data - role = "header"
        data - add - back - btn = "true"
        data - position = "fixed">
      <h1>主题</h1>
    </div>
    <div data - role = "main" class = "ui - content">
      <p><a href = "♯e2">下一页</a></p>
    </div>
    <div data - role = "footer"
        data - position = "fixed">
      <h4>© 2018 rttop.cn studio</h4>
    </div>
  </div>
  <div data - role = "page" id = "e2">
    <div data - role = "header"
```

```
        data - add - back - btn = "true"
        data - position = "fixed">
    < h1 >主题</h1 >
  </div >
  < div data - role = "main" class = "ui - content">
    < p >< a href = "♯e3">尾页</a ></p >
  </div >
  < div data - role = "footer"
        data - position = "fixed">
    < h4 >© 2018 rttop. cn studio </h4 >
  </div >
</div >
< div data - role = "page" id = "e3">
  < div data - role = "header"
        data - add - back - btn = "true"
        data - back - btn - text = "返回首页"
        data - position = "fixed">
    < h1 >主题</h1 >
  </div >
  < div data - role = "main" class = "ui - content">
    < p >< a href = "♯e1">首页</a ></p >
  </div >
  < div data - role = "footer"
        data - position = "fixed">
    < h4 >© 2018 rttop. cn studio </h4 >
  </div >
</div >
</body >
</html >
```

3. 页面效果

该页面在 Opera Mobile Emulator 12.1 下执行的效果如图 3-2 所示。

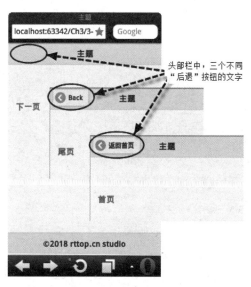

图 3-2 设置后退按钮的不同文字内容

4. 源码分析

在本实例中,如果需要设置后退按钮显示的文字内容,先将 header 容器元素的 data-add-back-btn 属性设置为 true,表示切换到该容器时,头部栏要显示一个默认文字为 back 的后退按钮;然后,在 header 容器元素中再添加另一个 data-back-btn-text 属性,该属性值就是要显示在后退按钮上的文字内容。

3.1.3 添加按钮

在头部栏中,除通过设置属性添加"后退"按钮外,还可以手动编写代码,添加按钮标记,该标记通常设置为<a>元素,其他按钮类型的标记也可以放置在头部栏中,由于头部栏空间的原因,所添加按钮都是内联类型的,即按钮宽度只允许放置图标与文字这两个部分。

实例 3-3 添加按钮

1. 功能说明

在新建的 HTML 页面中,分别添加两个 id 号为 e1、e2 的 page 容器,并在两个容器的头部栏中都添加两个按钮,左侧为"上一张",右侧为"下一张",当单击第一个容器的"下一张"按钮时,切换到第二个容器,单击第二个容器的"上一张"按钮时,又返回到第一个容器。

2. 实现代码

在 WebStorm 开发工具中,新创建一个 HTML 页面 3-3. html,加入如代码清单 3-3 所示的代码。

代码清单 3-3 添加按钮

```html
<!DOCTYPE html>
<html>
<head>
    <title>jQuery Mobile 添加按钮</title>
    <meta name="viewport" content="width=device-width,
        initial-scale=1" />
    <link href="css/jquery.mobile-1.4.5.min.css"
        rel="Stylesheet" type="text/css" />
    <link href="css/css3.css"
        rel="Stylesheet" type="text/css" />
    <script src="js/jquery-1.11.1.min.js"
        type="text/javascript"></script>
    <script src="js/jquery.mobile-1.4.5.min.js"
        type="text/javascript"></script>
</head>
<body>
  <div data-role="page" id="e1">
    <div data-role="header"
      data-position="fixed">
        <a href="#" data-icon="arrow-l">上一张</a>
        <h1>图片</h1>
        <a href="#e2" data-icon="arrow-r">下一张</a>
```

```
        </div>
        <div data-role="main"
            class="ui-content"
            align="center">
          <span class="img-spn">
            <img src="Images/2011年作品.jpg" />
          </span>
        </div>
        <div data-role="footer"
            data-position="fixed">
          <h4>© 2018 rttop.cn studio</h4>
        </div>
      </div>

      <div data-role="page" id="e2">
        <div data-role="header"
            data-position="fixed">
          <a href="#e1" data-icon="arrow-l">上一张</a>
          <h1>图片</h1>
          <a href="#" data-icon="arrow-r">下一张</a>
        </div>
        <div data-role="main"
            class="ui-content"
            align="center">
          <span class="img-spn">
            <img src="Images/2010年作品.jpg" />
          </span>
        </div>
        <div data-role="footer"
            data-position="fixed">
          <h4>© 2018 rttop.cn studio</h4>
        </div>
      </div>
    </body>
</html>
```

3. 页面效果

该页面在 Opera Mobile Emulator 12.1 下执行的效果如图 3-3 所示。

4. 源码分析

在本实例中,头部栏通过添加 inline 属性进行定位,使用这种定位的模式,可以确保头部栏在更多的移动浏览器中显示,而无须再编与其他的 JavaScript 或 CSS 代码。

头部栏中的按钮链接元素是头部栏的首个元素,默认位置是在标题的左侧,默认按钮个数只有一个,当在标题左侧添加两个链接按钮时,左侧链接按钮会自动按排列顺序保留第一个,第二个按钮会自动放置在标题的右侧,因此,在头部栏中放置链接按钮时,由于内容长度的限制,尽量在标题栏的左右两侧分别放置一个链接按钮。

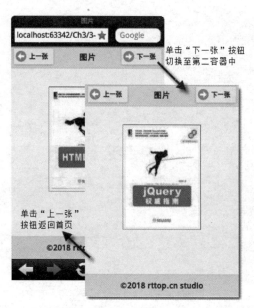

单击"下一张"按钮
切换至第二容器中

单击"上一张"
按钮返回首页

图 3-3　在头部栏中添加按钮元素

3.1.4　定位按钮位置

在头部栏中,当只放置一个链接按钮时,不论放置在标题的左侧,还是右侧,其最终显示还是在标题的左侧,如果想定位单个头部栏链接按钮的位置,需要添加新的类别属性,分别为 ui-btn-left 和 ui-btn-right,前者表示使按钮居标题左侧,也是默认值,后者表示居右侧。

实例 3-4　定位按钮位置

1. 功能说明

在实例 3-3 的基础上,对头部栏中"上一页""下一页"的两个按钮位置进行定位。当在第一个 page 容器中时,仅显示"下一页"的按钮;而切换到第二个 page 容器中时,也只有"上一页"这个按钮存在。

2. 实现代码

在 WebStorm 开发工具中,新创建一个 HTML 页面 3-4. html,加入如代码清单 3-4 所示的代码。

代码清单 3-4　定位按钮位置

```html
<!DOCTYPE html>
<html>
<head>
    <title>jQuery Mobile 定位按钮位置</title>
    <meta name="viewport" content="width=device-width,
        initial-scale=1" />
    <link href="css/jquery.mobile-1.4.5.min.css"
        rel="Stylesheet" type="text/css" />
    <link href="css/css3.css"
```

```
            rel = "Stylesheet" type = "text/css" />
    < script src = "js/jquery - 1.11.1.min.js"
            type = "text/javascript"></script >
    < script src = "js/jquery.mobile - 1.4.5.min.js"
            type = "text/javascript"></script >
</head >
< body >
  < div data - role = "page" id = "e1">
    < div data - role = "header"
        data - position = "fixed">
      < h1 >图片</h1 >
      < a href = " #e2"
        data - icon = "arrow - r"
        class = "ui - btn - right">下一张
      </a >
    </div >
    < div data - role = "main"
        class = "ui - content"
        align = "center">
      < span class = "img - spn">
        < img src = "Images/2009 年作品.jpg" />
      </span >
    </div >
    < div data - role = "footer"
        data - position = "fixed">
      < h4 >© 2018 rttop.cn studio </h4 >
    </div >
  </div >

  < div data - role = "page" id = "e2">
    < div data - role = "header"
        data - position = "fixed">
      < a href = " #e1"
        data - add - back - btn = "false"
        data - icon = "arrow - l"
        class = "ui - btn - left">上一张
      </a >
      < h1 >图片</h1 >
    </div >
    < div data - role = "main"
        class = "ui - content"
        align = "center">
      < span class = "img - spn">
        < img src = "Images/2008 年作品.jpg" />
      </span >
    </div >
    < div data - role = "footer"
```

```
        data - position = "fixed">
        < h4 >© 2018 rttop. cn studio </h4 >
    </div>
  </div>
</body>
</html>
```

3. 页面效果

该页面在 Opera Mobile Emulator 12.1 下执行的效果如图 3-4 所示。

图 3-4　在头部栏中定位按钮元素

4. 源码分析

本实例中,通过在头部栏中对需要定位的链接按钮添加 ui-btn-left 和 ui-btn-right 两个类别属性,可以定位头部栏中标题两侧的按钮位置,该类别属性在只有一个按钮并且又想放置在标题右侧时非常有用。另外,为了使放置在头部栏标题左侧的链接按钮能够正常显示,通常情况下,需要将该链接按钮的 data-add-back-btn 属性值设置为 false,以确保在 page 容器切换时,不会出现"回退"按钮,影响到标题左侧按钮的显示效果。

3.2　导航栏

jQuery Mobile 为导航栏提供了专门的组件,使用时只需要将< div >标签的 data-role 属性值设置为 navbar,便产生了一个导航栏容器,在该容器内通过< ul >元素设置导航栏的各子类导航按钮,每一行最多可以放置 5 个按钮,超出的个数自动显示在下一行;另外,导航栏中的按钮,可以引用系统的图标,也能自定义导航栏中的按钮图标。

3.2.1 基本结构

jQuery Mobile 中的导航栏作为一个被<div>元素包裹的容器,常常放置在页面的头部或底部,在容器内,如果需要设置某个子类导航按钮为选中状态,只需在按钮的元素中添加一个名称为 ui-btn-active 的类别属性即可。

实例 3-5 导航栏的基本结构

1. 功能说明

在新建的 HTML 页面中,为页脚部分添加一个导航栏,在导航栏中创建三个子类导航按钮,分别在按钮上显示"北京""上海""广州"字样,并将第一个按钮设置为被选中的状态。

2. 实现代码

在 WebStorm 开发工具中,新创建一个 HTML 页面 3-5. html,加入如代码清单 3-5 所示的代码。

代码清单 3-5 导航栏的基本结构

```
<!DOCTYPE html>
<html>
<head>
    <title>jQuery Mobile 尾部导航栏</title>
    <meta name="viewport" content="width=device-width,
        initial-scale=1" />
    <link href="css/jquery.mobile-1.4.5.min.css"
        rel="Stylesheet" type="text/css" />
    <script src="js/jquery-1.11.1.min.js"
        type="text/javascript"></script>
    <script src="js/jquery.mobile-1.4.5.min.js"
        type="text/javascript"></script>
</head>
<body>
<div data-role="page">
    <div data-role="header"
        data-position="fixed">
        <h1>头部栏标题</h1></div>
    <div data-role="main"
        class="ui-content">
        <p>添加尾部导航栏</p>
    </div>
    <div data-role="footer"
        data-position="fixed">
        <div data-role="navbar">
        <ul>
            <li>
                <a href="a.html"
                    class="ui-btn-active">北京
                </a>
```

```
                </li>
                <li>
                    <a href = "b.html">上海
                    </a>
                </li>
                <li>
                    <a href = "b.html">广州
                    </a>
                </li>
            </ul>
        </div>
        </div>
    </div>
</body>
</html>
```

3. 页面效果

该页面在 Opera Mobile Emulator 12.1 下执行的效果如图 3-5 所示。

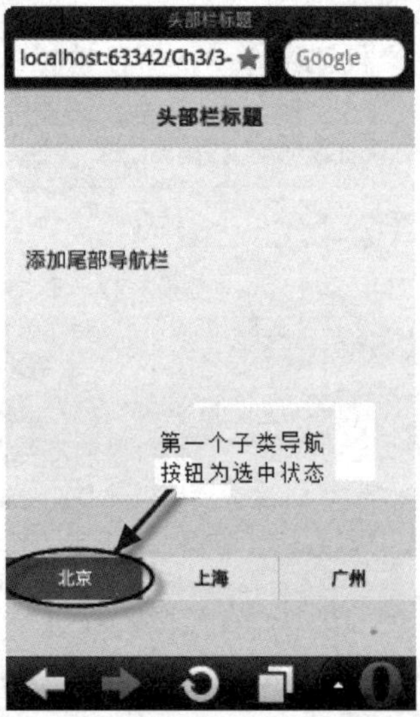

4. 源码分析

在本实例中,将一个简单的导航栏容器通过嵌套的方式放置在底部容器中,形成底部导航栏的页面效果,在导航栏的内部容器中,每个子类导航按钮的宽度都是一致的,因此,当每增加一个子类按钮时,会将原先按钮的宽度按照 1/2 的比例进行均分,即如果原来有两个按钮,它们的宽度各为浏览器宽度的 1/2,再新增加一个按钮时,原先的两个按钮宽度又变成了 1/3,以此类推。当导航栏窗口中子类按钮的数量超过 5 个时,将自动形成 2 列多行的展示形式。

图 3-5　在底部栏中添加导航条

3.2.2　头部导航栏

除了将导航栏放置在底部外,还可以将它放置在头部,形成头部导航栏,在该导航栏中,也可以保留头部栏中的标题与按钮,只需将导航栏容器以嵌套的方式放置在头部即可,接下来通过一个简单的实例来介绍头部导航栏是如何创建的。

实例 3-6　头部导航栏

1. 功能说明

在新建的 HTML 页面中,添加两个 id 号为 e1 和 e2 的 page 容器,并分别在容器中为页头部分添加一个导航栏,当单击第一个导航栏中"音乐"按钮时,页面将切换至第二个 page 容器中,并将导航条中"音乐"按钮的状态设置为被选中样式。

2. 实现代码

在 WebStorm 开发工具中,新创建一个 HTML 页面 3-6.html,加入如代码清单 3-6 所示的代码。

代码清单 3-6 头部导航栏

```
<!DOCTYPE html>
<html>
<head>
    <title>jQuery Mobile 头部导航栏</title>
    <meta name="viewport" content="width=device-width,
        initial-scale=1" />
    <link href="css/jquery.mobile-1.4.5.min.css"
        rel="Stylesheet" type="text/css" />
    <script src="js/jquery-1.11.1.min.js"
        type="text/javascript"></script>
    <script src="js/jquery.mobile-1.4.5.min.js"
        type="text/javascript"></script>
</head>
<body>
<div data-role="page" id="e1">
    <div data-role="header"
        data-position="fixed">
        <h1>图书频道</h1>
        <div data-role="navbar">
            <ul>
                <li>
                    <a href="#"
                        class="ui-btn-active">图书
                    </a>
                </li>
                <li>
                    <a href="#e2">音乐</a>
                </li>
                <li>
                    <a href="#">影视</a>
                </li>
            </ul>
        </div>
    </div>
    <div data-role="main" class="ui-content">
        <p>这是图书页面</p>
    </div>
    <div data-role="footer"
        data-position="fixed">
        <h1>© 2010 Ptop on Studio</h1>
    </div>
</div>
<div data-role="page" id="e2">
    <div data-role="header"
        data-position="fixed">
        <h1>音乐频道</h1>
```

```
< div data - role = "navbar">
    < ul >
        < li >
            < a href = " # e1">图书</a>
        </li>
        < li >
            < a href = " # "
                class = "ui - btn - active">音乐</a>
        </li>
        < li >
            < a href = " # ">影视</a>
        </li>
    </ul >
</div >
</div >
< div data - role = "main" class = "ui - content">
    < p>这是音乐页面</p>
</div >
< div data - role = "footer"
    data - position = "fixed">
    < h4 >© 2018 rttop.cn studio </h4 >
</div >
</div >
</body >
</html >
```

3. 页面效果

该页面在 Opera Mobile Emulator 12.1 下执行的效果如图 3-6 所示。

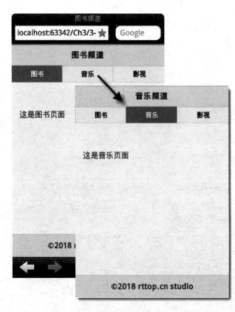

图 3-6　在头部栏中添加导航条

4. 源码分析

在本实例中,通过 page 容器间嵌套的方式,实现了在头部栏中添加导航条的功能,而在实际开发过程中,常常在头部栏中只嵌套导航条,而不显示标题内容和左右两侧的按钮,特别是在导航条中选项按钮添加了图标时,只显示页面头部栏中的导航条,效果十分不错。

3.2.3　导航栏的图标

在导航栏中,各子类导航链接按钮是通过<a>元素来实现的,如果想要给导航栏中的子类链接按钮添加图标,只需要在对应的<a>元素中增加一个 data-icon 属性,并在 jQuery Mobile 自带的系统图标集合中选择一个图标名,作为该属性的值,如 info 表示显示 ⓘ 图标,图标的默认位置在按钮链接文字的上面,更多的图标名称对应的图标形状如表 3-1 所示。

表 3-1　图标名称对应的图标形状

图 标 名 称	图 标 形 状	图 标 名 称	图 标 形 状
arrow-l	◀	refresh	↻
arrow-r	▶	forward	↷
arrow-u	▲	search	🔍
arrow-d	▼	back	↶
delete	✕	grid	▦
plus	＋	star	★
minus	－	alert	⚠
check	✔	info	ⓘ
gear	⚙	home	⌂

表 3-1 中的各图标名称不仅用于导航栏中的子类链接按钮,也适合各类按钮型元素在增加图标时使用。

实例 3-7　添加导航栏链接按钮图标

1. 功能说明

在实例 3-6 的基础上,分别给导航栏的链接按钮通过 data-icon 属性添加图标。

2. 实现代码

在 WebStorm 开发工具中,新创建一个 HTML 页面 3-7.html,加入如代码清单 3-7 所示的代码。

代码清单 3-7　添加导航栏链接按钮图标

```
<!DOCTYPE html>
<html>
<head>
    <title> jQuery Mobile 导航栏的图标</title>
    <meta name = "viewport" content = "width = device - width,
```

```
            initial - scale = 1" />
        < link href = "css/jquery.mobile - 1.4.5.min.css"
            rel = "Stylesheet" type = "text/css" />
        < script src = "js/jquery - 1.11.1.min.js"
            type = "text/javascript"></script >
        < script src = "js/jquery.mobile - 1.4.5.min.js"
            type = "text/javascript"></script >
</head >
< body >
    < div data - role = "page" id = "e1">
        < div data - role = "header">
            < div data - role = "navbar">
                < ul >
                    < li >
                        < a href = "#"
                            data - icon = "info"
                            class = "ui - btn - active">图书
                        </a>
                    </li >
                    < li >
                        < a href = "#e2"
                            data - icon = "alert">音乐</a>
                    </li >
                    < li >
                        < a href = "#"
                            data - icon = "gear">影视</a>
                    </li >
                </ul >
            </div >
        </div >
        < div data - role = "main"
            class = "ui - content">
            < p >这是图书页面</p >
        </div >
        < div data - role = "footer"
            data - position = "fixed">
            < h4 >© 2018 rttop.cn studio </h4 >
    </div >
    </div >
    < div data - role = "page"id = "e2">
        < div data - role = "header"
                >
            < div data - role = "navbar">
                < ul >
                    < li >
                        < a href = "#e1"
                            data - icon = "info">图书</a>
                    </li >
                    < li >
                        < a href = "#"
```

```
                             data - icon = "alert"
                             class = "ui - btn - active">音乐</a>
                         </li>
                         <li>
                             <a href = "#" data - icon = "gear">影视</a>
                         </li>
                     </ul>
                 </div>
             </div>
         <div data - role = "main"
             class = "ui - content">
         <p>这是音乐页面</p>
         </div>
         <div data - role = "footer"
             data - position = "fixed">
         <h4>© 2018 rttop.cn studio</h4>
         </div>
         </div>
     </body>
     </html>
```

3. 页面效果

该页面在 Opera Mobile Emulator 12.1 下执行的效果
如图 3-7 所示。

4. 源码分析

在本实例中,通过给链接按钮元素添加 data-icon 属性,
并选择一个图标名,可以是按钮的图标,除此之外,还可以手
动控制图标在链接按钮中的位置和自定义按钮图标,在接下
来的章节中,将逐一结合完整的实例进行介绍。

3.2.4　设置导航栏图标位置

导航栏中的图标默认是放置在按钮内容文字的上面,如
果需要调整该默认值,只需在该导航栏容器元素中添加另外
一个属性 data-iconpos,该属性用于控制整个导航栏容器中
图标的位置,默认值为 top,即表示图标在按钮文字的上面,
还可以选择 left、right、bottom 分别表示图标在文字的左边、
右边和下面。

图 3-7　带图标的导航栏链接
　　　　按钮的按钮

实例 3-8　设置导航栏链接按钮图标的位置

1. 功能说明

在新建的 HTML 页面中,向头部栏添加三个导航条,并分别将导航条中按钮的图标位
置设置为 left、right、bottom。

2. 实现代码

在 WebStorm 开发工具中,新创建一个 HTML 页面 3-8. html,加入如代码清单 3-8 所示的代码。

代码清单 3-8　设置导航栏链接按钮图标的位置

```html
<!DOCTYPE html>
<html>
<head>
    <title>jQuery Mobile 设置导航栏图标位置</title>
    <meta name="viewport" content="width=device-width,
        initial-scale=1" />
    <link href="css/jquery.mobile-1.4.5.min.css"
        rel="Stylesheet" type="text/css" />
    <script src="js/jquery-1.11.1.min.js"
        type="text/javascript"></script>
    <script src="js/jquery.mobile-1.4.5.min.js"
        type="text/javascript"></script>
</head>
<body>
  <div data-role="page" id="e1">
    <div data-role="header"
        data-position="fixed">
      <div data-role="navbar" data-iconpos="left">
        <ul>
          <li>
            <a href="#"
                data-icon="info"
                class="ui-btn-active">图书</a>
          </li>
          <li>
            <a href="#e2"
                data-icon="alert">音乐</a>
          </li>
          <li>
            <a href="#"
                data-icon="gear">影视</a>
          </li>
        </ul>
      </div>
      <div data-role="navbar"
          data-iconpos="right">
        <ul>
          <li>
            <a href="#"
                data-icon="info">图书</a>
          </li>
          <li>
```

```
                <a href = "♯e2"
                    data - icon = "alert"
                    class = "ui - btn - active">音乐</a>
            </li>
            <li>
                <a href = "♯"
                    data - icon = "gear">影视</a>
            </li>
        </ul>
    </div>
    <div data - role = "navbar"
        data - iconpos = "bottom">
        <ul>
            <li>
                <a href = "♯"
                    data - icon = "info">图书</a>
            </li>
            <li>
                <a href = "♯e2"
                    data - icon = "alert">音乐</a>
            </li>
            <li><a href = "♯"
                    data - icon = "gear"
                    class = "ui - btn - active">影视</a>
            </li>
        </ul>
    </div>
    <div data - role = "main"
        class = "ui - content">
        <p>展示导航栏中图标的不同位置</p>
    </div>
    <div data - role = "footer"
        data - position = "fixed">
        <h4>© 2018 rttop.cn studio</h4>
    </div>
    </div>
</body>
</html>
```

3. 页面效果

该页面在 Opera Mobile Emulator 12.1 下执行的效果如图 3-8 所示。

4. 源码分析

在本实例中,通过在导航栏容器中增加 data-iconpos 属性,可以改变导航栏按钮图标的位置,但是该属性针对的是整个导航栏容器,而不是导航栏内某个导航链接按钮图标的位置。因此,data-iconpos 是一个全局性的属性,针对的是整个导航栏内全部的链接按钮。

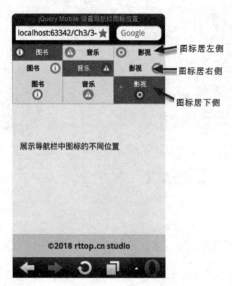

图标居左侧

图标居右侧

图标居下侧

图 3-8　设置导航栏链接按钮图标的位置

3.2.5　自定义图标

除了在导航栏中通过 data-iconpos 属性设置链接按钮的图标外,还允许开发者自定义图标,实现的方法是另外创建一个 CSS 样式文件,并在文件中添加链接按钮的图标地址与显示位置,下面通过一个简单的实例来介绍如何给导航栏链接按钮自定义图标。

实例 3-9　自定义导航栏链接按钮的图标

1. 功能说明

在实例 3-7 的基础上,将导航栏中链接按钮的图标替换成自定义的三个图标。

2. 实现代码

在 WebStorm 开发工具中,新创建一个 HTML 页面 3-9. html,加入如代码清单 3-9-1 所示的代码。

代码清单 3-9-1　自定义导航栏链接按钮的图标

```
<!DOCTYPE html>
<html>
<head>
    <title>jQuery Mobile 自定义图标</title>
    <meta name="viewport" content="width=device-width,
        initial-scale=1"/>
    <link href="css/jquery.mobile-1.4.5.min.css"
        rel="Stylesheet" type="text/css"/>
    <link href="Css/css3.css"
        rel="Stylesheet" type="text/css"/>
    <script src="js/jquery-1.11.1.min.js"
        type="text/javascript"></script>
```

```
        < script src = "js/jquery.mobile-1.4.5.min.js"
              type = "text/javascript"></script >
</head >
< body >
< div data-role = "page" id = "e1">
    < div data-role = "header"
          data-position = "fixed">
        < div data-role = "navbar">
            < ul >
                < li >
                    < a href = " # "
                        data-icon = "books"
                        class = "ui-btn-active">图书
                    </a >
                </li >
                < li >
                    < a href = " # e2"
                        data-icon = "music">音乐
                    </a >
                </li >
                < li >
                    < a href = " # "
                        data-icon = "movie">影视
                    </a >
                </li >
            </ul >
        </div >
    </div >
    < div data-role = "main"
        class = "ui-content">
            <p>这是图书页面</p>
    </div >
    < div data-role = "footer"
          data-position = "fixed">
        < h4 >© 2018 rttop.cn studio </h4 >
    </div >
</div >
< div data-role = "page" id = "e2">
    < div data-role = "header"
          data-position = "fixed">
        < div data-role = "navbar">
            < ul >
                < li >
                    < a href = " # e1"
                        data-icon = "books">图书
                    </a >
                </li >
                < li >
                    < a href = " # "
                        data-icon = "music"
```

```
                              class = "ui - btn - active">音乐
                        </a>
                    </li>
                    <li>
                        <a href = " # "
                         data - icon = "movie">影视
                        </a>
                    </li>
                </ul>
            </div>
        </div>
        <div data - role = "main"
             class = "ui - content">
              <p>这是音乐页面</p>

        </div>

        <div data - role = "footer"
             data - position = "fixed">
            <h4 >© 2018 rttop.cn studio </h4>
        </div>

    </div>
</body>
</html>
```

另外,创建一个用于实例 3-9 引用的样式文件 css3. css,加入如代码清单 3-9-2 所示的代码。

代码清单 3-9-2　css3. css 源文件

```
.ui - icon - books:after
{
    background:  url(icons/01.png) 50 % 50 % no - repeat;
    background - size: 18px 26px;
}
.ui - icon - music:after
{
    background:  url(icons/02.png) 50 % 50 % no - repeat;
    background - size: 15px 24px;
}
.ui - icon - movie:after
{
    background:  url(icons/03.png) 50 % 50 % no - repeat;
    background - size: 19px 25px;
}
```

3. 页面效果

该页面在 Opera Mobile Emulator 12.1 下执行的效果如图 3-9 所示。

图 3-9　自定义导航栏链接按钮的图标

4. 源码分析

在本实例中，如果想要自定义导航栏的链接按钮图标，需要经过以下两个步骤。

第 1 步：新建一个 CSS 文件，在该文件中设置某个链接按钮的自定义图标地址与显示的位置，部分代码如下。

```
…… 省略部分代码
.books .ui - icon
{
    background: url(icons/01.png) 50 % 50 % no - repeat;
    background - size: 18px 26px;
}
…… 省略部分代码
```

在上述代码中，新建一个 books 的类别名，在该类别下编写 ui-icon 类别的内容，ui-icon 类别有 2 行代码，第一行通过 background 设置自定义图标的地址和显示时的方式，第二行通过 background-size 设置自定义图标显示时的长度与宽度。

第 2 步：在导航栏中，引用新建的 books 类别，并将 data-icon 属性值设置为 custom，表示该项子类导航链接按钮的图标是自定义形式的。完整的代码如下：

```
<li><a href = "♯e1" data - icon = "custom" class = "books">图书</a></li>
```

3.3　尾部栏

尾部栏与头部栏除了所使用的 data-role 属性值不同之外，其他的结构几乎相同，只是相对头部栏来说，尾部栏的代码需要更加简洁些。此外，在尾部栏中可以添加按钮组，表单中的各个元素,并可添加定位元素。

3.3.1　添加按钮

通常情况下,在向尾部栏添加按钮时,为了尽量减少各按钮的间距,常常需要在按钮的外围添加一个 data-role 属性值为 controlgroup 的容器,形成一个按钮组显示在尾部栏中,同时,再在该容器中添加一个 data-type 属性,并将该属性的值设置为 horizontal,表示容器中的按钮按水平方向顺序排列。

实例 3-10　在尾部栏中添加按钮

1. 功能说明

新建一个 HTML 页面,在页面尾部栏中添加一个按钮组,在该按钮组中再添加 2 个带图标的按钮,并分别将按钮中的文本内容设置为"关于公司"和"联系我们"。

2. 实现代码

在 WebStorm 开发工具中,新创建一个 HTML 页面 3-10.html,加入如代码清单 3-10 所示的代码。

代码清单 3-10　在尾部栏中添加按钮

```html
<!DOCTYPE html>
<html>
<head>
    <title>jQuery Mobile 添加尾部栏按钮</title>
    <meta name="viewport" content="width=device-width,
        initial-scale=1" />
    <link href="css/jquery.mobile-1.4.5.min.css"
        rel="Stylesheet" type="text/css" />
    <script src="js/jquery-1.11.1.min.js"
        type="text/javascript"></script>
    <script src="js/jquery.mobile-1.4.5.min.js"
        type="text/javascript"></script>
</head>
<body>
  <div data-role="page">
    <div data-role="header"
        data-position="fixed">
      <h1>头部栏标题</h1>
    </div>
    <div data-role="main"
        class="ui-content">
      <p>添加尾部栏按钮</p>
    </div>
    <div data-role="footer"
        data-position="fixed">
    <div data-role="controlgroup"
        data-type="horizontal">
        <a href="#"
```

```
        data - role = "button"
        data - icon = "home">关于公司</a>
      < a href = " # "
        data - role = "button"
        data - icon = "forward">联系我们</a>
    </div >
  </div >
 </div >
</body>
</html >
```

3. 页面效果

该页面在 Opera Mobile Emulator 12.1 下执行的效果如图 3-10 所示。

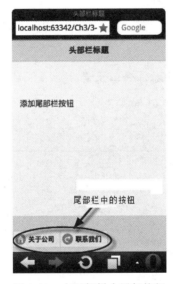

图 3-10　在尾部栏中添加按钮

4. 源码分析

在实例中,由于底部栏中的按钮外围被一个 data-role 属性值为 controlgroup 的容器所包裹,因此,按钮间没有任何 padding 空间,如果想要给底部栏中的按钮添加 padding 空间,可以不使用容器包裹,而只要给底部栏容器添加一个名为 ui-bar 的类别属性,代码如下。

```
    …… 省略部分代码
< div data - role = "footer" class = "ui - bar">
  < a href = " # " data - role = "button"
    data - icon = "home">关于公司</a>
  < a href = " # " data - role = "button"
    data - icon = "forward">联系我们</a>
</div >
    …… 省略部分代码
```

3.3.2 添加表单元素

在底部栏中,除可以添加按钮组外,还可以向容器内增加表单中的元素,如<select>、<text>等,为了确保表单元素在底部栏的正常显示,需要在底部栏容器中增加名称为 ui-bar 的类别和将 data-position 属性值设置为 inline,前者用于使新增加的表单元素间保持一定的间距,后者用于统一定位各表单元素的显示位置。

实例 3-11 在尾部栏中添加表单元素

1. 功能说明

新建一个 HTML 页面,在页面尾部栏中添加一个表单元素中的下拉列表,用于显示各个"友情链接"的公司信息。

2. 实现代码

在 WebStorm 开发工具中,新创建一个 HTML 页面 3-11. html,加入如代码清单 3-11 所示的代码。

代码清单 3-11 在尾部栏中添加表单元素

```html
<!DOCTYPE html>
<html>
<head>
    <title>jQuery Mobile 添加表单元素</title>
    <meta name="viewport" content="width=device-width,
        initial-scale=1" />
    <link href="css/jquery.mobile-1.4.5.min.css"
        rel="Stylesheet" type="text/css" />
    <script src="js/jquery-1.11.1.min.js"
        type="text/javascript"></script>
    <script src="js/jquery.mobile-1.4.5.min.js"
        type="text/javascript"></script>
</head>
<body>
  <div data-role="page">
    <div data-role="header"
            data-position="fixed">
        <h1>头部栏标题</h1>
    </div>
    <div data-role="main"
        class="ui-content">
        <p>在尾部栏添加表单元素</p>
    </div>
    <div data-role="footer"
        class="ui-bar"
        data-position="fixed">
    <label for="selLink">友情链接</label>
      <select name="selLink" id="selLink">
          <option value="0">请选择</option>
```

```
                < option value = "1">公司 1 </option >
                < option value = "2">公司 2 </option >
                < option value = "3">公司 3 </option >
                < option value = "4">公司 4 </option >
        </select >
      </div >
    </div >
  </body >
</html >
```

3．页面效果

该页面在 Opera Mobile Emulator 12.1 下执行的效果如图 3-11 所示。

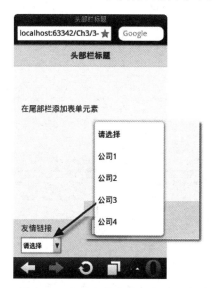

图 3-11　在尾部栏中添加表单元素

4．源码分析

在本实例中，为尾部栏添加了一个< select >表单元素，从示意图的效果来看，移动终端与 PC 端的浏览器在显示表单元素时，还是存在一些细微的区别，比如< select >元素，在 PC 端的浏览器中它是以下拉列表的形式展示，而在移动终端，则是以弹出框的形式展示全部的列表内容。

3.4　内容格式化

在 jQuery Mobile 中，提供了许多非常有用的工具与组件，如多列的网格布局、折叠形的面板控制，通过这些组件，可以帮助开发者快速实现正文区域内容的格式化。

3.4.1　创建简单对话网格布局框

通过 jQuery Mobile 提供的 CSS 样式——ui-grid 可以实现内容的网格布局，该样式有

4 种预设的配置布局,样式 ui-grid-a、ui-grid-b、ui-grid-c、ui-grid-d,分别对应两列、三列、四列、五列的网格布局形式,可以最大范围满足页面多列的需求。

使用网格布局时,整个宽度为100%,无任何 padding 和 margin 及背景色,因此,不会影响到其他元素放入网格中的位置。

实例 3-12　在内容区域添加多种类型的网格布局

1. 功能说明

新建一个 HTML 页面,在内容区域中添加 4 种预设的网格布局,以分块的形式在页面中显示。

2. 实现代码

在 WebStorm 开发工具中,新创建一个 HTML 页面 3-12. html,加入如代码清单 3-12 所示的代码。

代码清单 3-12　在内容区域添加多种类型的网格布局

```html
<!DOCTYPE html>
<html>
<head>
    <title>jQuery Mobile 网格布局</title>
    <meta name="viewport" content="width=device-width,
          initial-scale=1" />
    <link href="css/jquery.mobile-1.4.5.min.css"
          rel="Stylesheet" type="text/css" />
    <link href="Css/css3.css"
          rel="Stylesheet" type="text/css" />
    <script src="js/jquery-1.11.1.min.js"
                  type="text/javascript"></script>
    <script src="js/jquery.mobile-1.4.5.min.js"
                  type="text/javascript"></script>
</head>
<body>
  <div data-role="page" id="p312">
     <div data-role="header"
          data-position="fixed">
    <h1>头部栏标题</h1>
      </div>
      <div class="ui-grid-a">
          <div class="ui-block-a">
                 <div class="ui-bar ui-bar-b h60">A
                 </div>
          </div>
          <div class="ui-block-b">
                    <div class="ui-bar ui-bar-b h60">B
                    </div>
          </div>
      </div>
      <div class="ui-grid-b">
```

```
        < div class = "ui – block – a">
            < div class = "ui – bar ui – bar – c h60"> A </div >
        </div >
        < div class = "ui – block – b">
            < div class = "ui – bar ui – bar – c h60"> B </div >
        </div >
        < div class = "ui – block – c">
            < div class = "ui – bar ui – bar – c h60"> C </div >
        </div >
        </div >
        < div class = "ui – grid – c">
        < div class = "ui – block – a">
            < div class = "ui – bar ui – bar – d h60"> A </div >
        </div >
        < div class = "ui – block – b">
            < div class = "ui – bar ui – bar – d h60"> B </div >
    </div >
    < div class = "ui – block – c">
        < div class = "ui – bar ui – bar – d h60"> C </div >
        </div >
        < div class = "ui – block – d">
            < div class = "ui – bar ui – bar – d h60"> D </div >
        </div >
        </div >
        < div class = "ui – grid – d">
        < div class = "ui – block – a">
            < div class = "ui – bar ui – bar – e h60"> A </div >
        </div >
        < div class = "ui – block – b">
            < div class = "ui – bar ui – bar – e h60"> B </div >
        </div >
        < div class = "ui – block – c">
            < div class = "ui – bar ui – bar – e h60"> C </div >
        </div >
        < div class = "ui – block – d">
            < div class = "ui – bar ui – bar – e h60"> D </div >
        </div >
        < div class = "ui – block – e">
            < div class = "ui – bar ui – bar – e h60"> E </div >
        </div >
        </div >
    < div data – role = "footer"
                    data – position = "fixed">
        < h4 >© 2018 rttop.cn studio </h4 >
    </div >
  </div >
</body >
</html >
```

3. 页面效果

该页面在 Opera Mobile Emulator 12.1 下执行的效果如图 3-12 所示。

4. 源码分析

在本实例的代码中,如果要增加一个多列的网格区域,首先通过<div>元素构建一个容器,如果是两列,则给该容器添加的 class 属性值为 ui-grid-a,三列则为 ui-grid-b,以此类推。

然后,在已构建的容器中添加子容器,如果是两列,则给两个子容器分别添加 ui-block-a、ui-block-b 的样式属性;如果是三列,则给三个子容器分别添加 ui-block-a、ui-block-b、ui-block-c 的样式属性;其他多列以此类推。

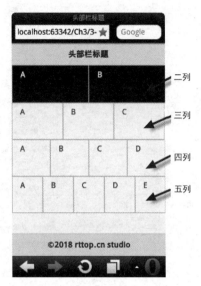

图 3-12　在内容区域添加多种类型的网格布局

最后,在子容器中,放置需要显示的内容,在本实例中,每个子容器都分别放置了一个<div>元素,代码如下。

```
<div class = "ui - bar ui - bar - b h60"> A </div>
```

在上述代码中,<div>元素通过 class 属性添加了三个样式,第一个和第二个都是 jQuery Mobile 自带的样式,其中,ui-bar 用于控制各子容器的间距,ui-bar-b 用于设置各子容器的主题样式,第三个样式 h60 为自定义样式,用于设置子容器的高度为 60px。

说明:如果容器选择的样式为两列,即 class 值为 ui-grid-a,而在它的子容器中添加了三个子项,即 class 值为 ui-block-c,那么,该列自动被置在下一行。

3.4.2　可折叠的区块

在 jQuery Mobile 中,除使用样式 ui-grid 显示多列的网格效果之外,还可以对指定的区块进行折叠,要实现对区块的折叠,需要进行以下三步的操作。

(1) 创建一个<div>容器,并将该容器的 data-role 属性设为 collapsible,表示该容器是一个可折叠的区块。

(2) 在容器中,添加一个<h3>标题文字标记,该标记以按钮的形式展示,并在按钮的左侧有一个"+"号,表示该标题可以点开。

(3) 在标题的下面放置需要折叠显示的内容,通常使用<p>段落元素,当用户单击标题中的"+"号时,显示<p>元素中的内容,标题左侧中"+"号变成"−"号,再次单击时,隐藏<p>元素中的内容,标题左侧中"−"号变成"+"号。

下面通过一个简单的实例来介绍在 jQuery Mobile 中可折叠区块的实现方式。

实例 3-13　可折叠的区块

1. 功能说明

新建一个 HTML 页面,在内容区域中添加一个可折叠的区块,当用户单击区块中的标题时,如果是"＋"号,则显示标题下的内容,再次单击时,如果是"－"号,则隐藏标题下的内容。

2. 实现代码

在 WebStorm 开发工具中,新创建一个 HTML 页面 3-13.html,加入如代码清单 3-13 所示的代码。

代码清单 3-13　实现可折叠的区块

```html
<!DOCTYPE html>
<html>
<head>
    <title> jQuery Mobile 可折叠的区块</title>
    <meta name = "viewport" content = "width = device - width,
        initial - scale = 1" />
    <link href = "css/jquery.mobile - 1.4.5.min.css"
        rel = "Stylesheet" type = "text/css" />
    <script src = "js/jquery - 1.11.1.min.js"
            type = "text/javascript"></script>
    <script src = "js/jquery.mobile - 1.4.5.min.js"
            type = "text/javascript"></script>
</head>
<body>
  <div data - role = "page">
    <div data - role = "header"
        data - position = "fixed">
      <h1>头部栏标题</h1>
    </div>
    <div data - role = "collapsible"
        data - collapsed = "false">
      <h3>单击查看更多</h3>
      <p>一位优秀的 Web 端工程师,不仅要有过硬的技术,而且要有执着、沉稳的品质。</p>
    </div>
    <div data - role = "footer"
        data - position = "fixed">
      <h4>© 2018 rttop.cn studio</h4>
    </div>
  </div>
</body>
</html>
```

3. 页面效果

该页面在 Opera Mobile Emulator 12.1 下执行的效果如图 3-13 所示。

4. 源码分析

在本实例中,通过将容器的 data-role 属性设置为 collapsible,可以使该容器形成一种折叠式的页面效果,容器内的标题字体可以在 h1～h6 选择,根据需求进行设置;另外,在该容器中可以通过设置 data-collapsed 属性值,调整容器折叠的状态,该属性默认值为 true,表示标题下的内容是隐藏的,为收缩状态,如果将该属性值设置为 false,那么,标题下的内容是显示的,为下拉状态。

图 3-13　在正文中显示可折叠的区块

3.4.3　可嵌套的折叠区块

除了在正文中将<div>容器实现折叠效果显示内容之外,jQuery Mobile 还允许对折叠的区块进行嵌套显示,即在一个折叠区域块的内容中,再添加一个折叠区块,以此类推,但建议这种嵌套最多不超过 3 层,否则,用户体验或是页面性能都将会比较差。

实例 3-14　可嵌套的折叠区块

1. 功能说明

新建一个 HTML 页面,在内容区域中添加三个 data-role 属性值为 collapsible 的折叠区块,分别以嵌套的方式进行组合,当单击"第一层"标题时,显示"第二层"折叠区,单击"第二层"标题时,显示"第三层"折叠区。

2. 实现代码

在 WebStorm 开发工具中,新创建一个 HTML 页面 3-14.html,加入如代码清单 3-14所示的代码。

代码清单 3-14　实现可嵌套的折叠区块

```
<!DOCTYPE html>
<html>
<head>
    <title>jQuery Mobile 可嵌套的折叠区块</title>
    <meta name = "viewport" content = "width = device - width,
        initial - scale = 1" />
    <link href = "css/jquery.mobile - 1.4.5.min.css"
        rel = "Stylesheet" type = "text/css" />
    <script src = "js/jquery - 1.11.1.min.js"
        type = "text/javascript"></script>
```

```
        < script src = "js/jquery.mobile - 1.4.5.min.js"
              type = "text/javascript"></script >
</head >
< body >
  < div data - role = "page">
    < div data - role = "header"
            data - position = "fixed">
        <h1>头部栏标题</h1 >
    </div >
    < div data - role = "collapsible">
       < h3 >第一层</h3 >
        <p>这是第一层中的内容</p>
          < div data - role = "collapsible">
              <h3 >第二层</h3 >
              <p>这是第二层中的内容</p>
                  < div data - role = "collapsible">
                      < h3 >第三层</h3 >
                       <p>这是第三层中的内容</p>
                  </div >
              </div >
    </div >
    < div data - role = "footer"
          data - position = "fixed">
      < h4 >© 2018 rttop.cn studio </h4 >
    </div >
  </div >
</body >
</html >
```

3. 页面效果

该页面在 Opera Mobile Emulator 12.1 下执行的效果如图 3-14 所示。

图 3-14　在正文中显示可嵌套的折叠区块

4. 源码分析

在本实例中,展示了 3 层折叠区块相互嵌套时的效果,在 jQuery Mobile 中,折叠容器中的内容区域可以放置任何想要折叠的 HTML 标记,当然,也允许再添加一个折叠块,从而形成这种嵌套式的折叠区块。虽然是嵌套的折叠区块,但各自的 data-collapsed 属性是独立的,即每层只控制各自的内容是收缩还是下拉。

3.4.4 折叠组标记

折叠区块除了可以嵌套外,还可以形成折叠组,实现的方法是在一个 data-role 属性为 collapsible-set 的<div>容器中,添加多个折叠区块,而这些区块就是折叠组区块,因为它们同属于一个容器,在视觉上形成"手风琴拉开形状"的效果,并且,在同一时间,折叠组中只有一个折叠区块是被打开的,当打开别的折叠区块时,其他"组成员"则自动关闭。

实例 3-15 折叠组标记

1. 功能说明

新建一个 HTML 页面,添加一个 data-role 属性为 collapsible-set 的折叠组容器,在该容器中增加 3 个折叠区块,标题分别对应"图书""音乐""影视",初次显示时,"音乐"折叠区块为打开状态。

2. 实现代码

在 WebStorm 开发工具中,新创建一个 HTML 页面 3-15.html,加入如代码清单 3-15 所示的代码。

代码清单 3-15 折叠组标记

```html
<!DOCTYPE html>
<html>
<head>
    <title>jQuery Mobile 折叠组标记</title>
    <meta name="viewport" content="width=device-width,
        initial-scale=1" />
    <link href="css/jquery.mobile-1.4.5.min.css"
        rel="Stylesheet" type="text/css" />
    <script src="js/jquery-1.11.1.min.js"
        type="text/javascript"></script>
    <script src="js/jquery.mobile-1.4.5.min.js"
        type="text/javascript"></script>
</head>
<body>
    <div data-role="page">
    <div data-role="header"
        data-position="fixed">
        <h1>头部栏标题</h1>
    </div>
    <div data-role="collapsible-set">
```

```
    < div data - role = "collapsible">
      < h3 >图书</h3 >
      < p >< a href = " # ">文艺</a ></p >
      < p >< a href = " # ">少儿</a ></p >
      < p >< a href = " # ">社科</a ></p >
    </div >
    < div data - role = "collapsible"
        data - collapsed = "false">
          < h3 >音乐</h3 >
          < p >< a href = " # ">流行</a ></p >
    < p >< a href = " # ">民族</a ></p >
    < p >< a href = " # ">通俗</a ></p >
    </div >
    < div data - role = "collapsible">
          < h3 >影视</h3 >
          < p >< a href = " # ">欧美</a ></p >
      < p >< a href = " # ">怀旧</a ></p >
      < p >< a href = " # ">娱乐</a ></p >
    </div >
  </div >
  < div data - role = "footer"
      data - position = "fixed">
    < h4 >© 2018 rttop. cn studio </h4 >
  </div >
  </div >
</body >
</html >
```

3. 页面效果

该页面在 Opera Mobile Emulator 12.1 下执行的效果如图 3-15 所示。

图 3-15 在正文中显示折叠组的效果

4. 源码分析

在本实例中,折叠组中所有的折叠区块默认状态都是收缩的,如果需要在默认状态下使某个折叠区块为下拉状态,只要将该折叠区块的 data-collapsed 属性值设置为 false。如在本实例中,就将标题为"音乐"的折叠区块的 data-collapsed 属性值设置为 false,但同时需要注意,由于同处在一个折叠组内,这种下拉状态在同一时间,只允许有一个。

3.5　本章小结

本章重点介绍了两个方面的内容:一是工具栏中的成员,包括头部栏、导航栏、尾部栏的使用方法与技巧;二是正文区域的内容格式化,通过介绍网格布局、折叠效果展示内容的方式,使读者在掌握 jQuery Mobile 基本页面布局的基础之上,更进一步理解工具栏与内容组件在处理页面内容时带来的效果,同时,为下一章常用组件的学习打下基础。

第 4 章

页面常用组件

本章学习目标
- 理解并掌握 jQuery Mobile 页面中按钮组件的使用方法；
- 熟悉并掌握 jQuery Mobile 页面中各类表单组件的用法；
- 了解并掌握 jQuery Mobile 页面中各类列表组件的使用。

4.1　按钮

在 jQuery Mobile 中，按钮由两类元素形成：一类是< a >元素，通过将该元素的 data-role 属性值设置为 button，jQuery Mobile 便会自动给该元素一些 Class 样式属性，形成可单击的按钮形状；另一类是在表单内，jQuery Mobile 会自动将< input >元素中 type 属性值为 submit、reset、button、image 的元素形成按钮的样式，而无须添加 data-role 属性。另外，在内容中放置按钮时，可以采用内嵌或按钮组的方式进行排版。

4.1.1　内联按钮

在 jQuery Mobile 中，被样式化的按钮元素默认都是块状的，能自动填充页面宽度，但也可以取消该默认效果，只需要在按钮的元素中添加 data-inline 属性，并将该属性值设为 true，那么，该按钮将会根据其内容中文字和图片的宽度自动进行缩放，形成一个宽度紧凑型的按钮。

如果想要对缩放后的按钮进行同一行显示，可以在多个按钮的外层中增加一个< div >容器，并在该容器中将 data-inline 属性值设为 true，这样就可以使容器中的按钮自动通过样式缩放至最小宽度，并且有浮动效果，可以在一行中显示。

在内联的按钮中，如果想使两个以上的按钮既在同一行，又能通过样式自动均分页面宽度，可以使用网格分栏的方式，将多个按钮放置在一个分栏后的同一行中，下面通过一个简单的实例来说明该方法的实现过程。

实例 4-1　内联按钮

1. 功能说明

新建一个 HTML 页面,通过用分栏的方式在页面中添加一个普通按钮和一个表单按钮,使两个按钮在同一行显示。

2. 实现代码

在 WebStorm 开发工具中,新创建一个 HTML 页面 4-1. html,加入如代码清单 4-1 所示的代码。

代码清单 4-1　内联按钮

```html
<!DOCTYPE html>
<html>
<head>
    <title>jQuery Mobile 内联按钮</title>
    <meta name = "viewport" content = "width = device - width,
        initial - scale = 1" />
    <link href = "Css/jquery.mobile - 1.4.5.min.css"
        rel = "Stylesheet" type = "text/css" />
    <script src = "js/jquery - 1.11.1.min.js"
        type = "text/javascript"></script>
    <script src = "js/jquery.mobile - 1.4.5.min.js"
        type = "text/javascript"></script>
</head>
<body>
  <div data - role = "page">
    <div data - role = "header"
            data - position = "fixed">
      <h1>头部栏</h1>
    </div>
    <div class = "ui - grid - a">
      <div class = "ui - block - a">
        <a href = "#"
          data - role = "button"
          class = "ui - btn - active">确定</a>
      </div>
      <div class = "ui - block - b">
        <input type = "submit" value = "取消" />
      </div>
    </div>
    <div data - role = "footer"
            data - position = "fixed">
      <h4>© 2018 rttop.cn studio</h4>
    </div>
  </div>
</body>
</html>
```

3．页面效果

该页面在 Opera Mobile Emulator 12.1 下执行的效果如图 4-1 所示。

图 4-1　内联按钮在页面中展示的效果

4．源码分析

在本实例中，运用分栏容器使两个按钮显示在同一行，由于这两个按钮的宽度可以与移动终端浏览器的宽度进行自动等比缩放，因此，这样的两个按钮显示在同一行，可以适应移动终端中各种不同分辨率的浏览器。

如果希望形成的按钮不与浏览器等比缩放，且多个按钮也要在同一行显示，可以将按钮元素的 data-inline 属性值设置为 true，例如本实例的代码则修改为：

```
……省略部分代码
< a href = " # " data - role = "button" class = "ui - btn - active"
    data - inline = "true">确定</a>
< a href = " # " data - role = "button" data - inline = "true">取消</a>
……省略部分代码
```

上述代码同样可以使两个按钮以内联的方式同一行显示在页面中，只是固定了宽度，不能与浏览器的宽度进行等比缩放。

4.1.2　按钮组标记

在 jQuery Mobile 中，多个按钮除了以内联的形式显示外，还可以全部放入按钮组——controlgroup 容器中，可以按垂直或水平方向展现按钮列表，默认情况下，按钮组是以垂直方向的方式展示一组按钮列表，可以通过给按钮组容器添加 data-type 属性来修改按钮组默认的显示方式。

实例 4-2　按钮组标记

1. 功能说明

新建一个 HTML 页面,创建两个不同 data-type 属性的按钮组,一个以垂直方向的形式展示两个按钮列表,另一个以水平方向的形式展示两个按钮列表。

2. 实现代码

在 WebStorm 开发工具中,新创建一个 HTML 页面 4-2. html,加入如代码清单 4-2 所示的代码。

代码清单 4-2　按钮组标记

```
<!DOCTYPE html>
<html>
<head>
    <title>jQuery Mobile 按钮组标记</title>
    <meta name="viewport" content="width=device-width,
        initial-scale=1" />
    <link href="css/jquery.mobile-1.4.5.min.css"
        rel="Stylesheet" type="text/css" />
    <script src="js/jquery-1.11.1.min.js"
        type="text/javascript"></script>
    <script src="js/jquery.mobile-1.4.5.min.js"
        type="text/javascript"></script>
</head>
<body>
  <div data-role="page">
    <div data-role="header"
        data-position="fixed">
        <h1>头部栏</h1>
    </div>
    <div data-role="controlgroup">
      <a href="#"
        data-role="button"
        data-icon="check"
        class="ui-btn-active">确定
      </a>
      <a href="#"
        data-role="button"
        data-icon="delete">取消
      </a>
    </div>
    <div data-role="controlgroup"
        data-type="horizontal">
      <a href="#"
        data-role="button"
        data-icon="check"
        class="ui-btn-active">确定
      </a>
```

```
    < a href = " # "
        data - role = "button"
        data - icon = "delete">取消
    </ a >
  </ div >
  < div data - role = "footer"
          data - position = "fixed">
      < h4 >© 2018 rttop.cn studio </ h4 >
  </ div >
  </ div >
</ body >
</ html >
```

3. 页面效果

该页面在 Opera Mobile Emulator 12.1 下执行的效果如图 4-2 所示。

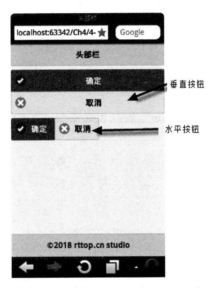

图 4-2　以按钮组的方式显示按钮列表

4. 源码分析

在本实例中,当按钮列表被按钮组标记包裹时,每个被包裹的按钮都会自动删除自身margin 的距离和背景的阴影,并且只在第一个按钮上面的两个角和最后一个按钮下面的两个角使用圆角的样式,这样使整个按钮列表在显示效果上更加像一个组的集合。

如果按钮组以水平的方面显示按钮列表,那么,默认情况下,所有按钮向左边靠拢,自动缩放到各自适合的宽度,最左边按钮的左侧与最右边按钮的右侧使用圆角的样式,完整的显示效果如图 4-2 所示。

说明:如果在按钮组中仅放置一个按钮,那么,该按钮仍是以正常圆角的效果显示在页面中。

4.2 表单

在 HTML 元素中,表单占有十分重要的地位,针对表单,jQuery Mobile 提供了一套完全基于 HTML 原始代码,又适合触摸操作的框架,在该框架下,所有的表单元素先由原始的代码升级为 jQuery Mobile 组件,然后,调用各自组件提供的方法与属性,实现在 jQuery Mobile 下表单元素的各项操作,例如,在 jQuery Mobile 表单中,一个 type 属性值为 checkbox 的元素先通过对应的 checkboxradio 插件升级为组件,完成相应数据的初始化后,就可以调用 jQuery UI 中组件的方法与属性,实现该表单元素的相应功能。

需要说明的是,在表单中,各元素通过原始 HTML 代码升级为 jQuery Mobile 是自动完成的,当然,也可以阻止这种升级行为,只要将该表单元素的 data-role 属性值设置为 none 即可。另外,由于在单个页面中,可能会出现多个 page 容器,为了保证表单在提交数据时的唯一性,必须确保每一个表单的 id 号是唯一的。

4.2.1 文本输入

在 jQuery Mobile 中,文本输入包括文本输入框和文本输入域及 HTML 5 中新增的输入类型,文本输入框使用标准的 HTML 原始元素,借助 jQuery Mobile 的渲染效果,使其在触摸时更易于输入;在 jQuery Mobile 中使用的文本输入域的高度会自动增加,无须因高度问题拖动滑动条。

另外,HTML 5 中新增的输入类型,如 number 类型,在 jQuery Mobile 中会被渲染成除数字输入框外,还在输入框的最右端有两个可调节大小的“＋”和“－”号按钮,方便移动终端的用户修改输入框中的数字。

实例 4-3 文本输入

1. 功能说明

新建一个 HTML 页面,并在内容区域中创建三个不同的输入框元素,分别对应 search、text、number 类型,用于显示在 jQuery Mobile 中不同类型的输入框元素异样的渲染效果。

2. 实现代码

在 WebStorm 开发工具中,新创建一个 HTML 页面 4-3. html,加入如代码清单 4-3 所示的代码。

代码清单 4-3 文本输入

```
<!DOCTYPE html>
<html>
<head>
    <title>jQuery Mobile 文本输入</title>
    <meta name="viewport" content="width=device-width,
        initial-scale=1" />
```

```
    < link href = "Css/css4.css"
            rel = "Stylesheet" type = "text/css" />
    < link href = "css/jquery.mobile - 1.4.5.min.css"
            rel = "Stylesheet" type = "text/css" />
    < script src = "js/jquery - 1.11.1.min.js"
            type = "text/javascript"></script >
    < script src = "js/jquery.mobile - 1.4.5.min.js"
            type = "text/javascript"></script >
</head >
< body >
  < div data - role = "page">
    < div data - role = "header"
        data - position = "fixed">
       < h1 >头部栏</h1 >
    </div >
    < div data - role = "main"
          class = "ui - content">
      搜索: < input type = "search"
              name = "password"
              id = "search"
              value = "" />
       姓名: < input type = "text"
              name = "name"
              id = "name"
              value = "" />
       年龄: < input type = "number"
              name = "number"
              id = "number"
              value = "0"/>
    </div >
    < div data - role = "footer"
        data - position = "fixed">
       < h4 >© 2018 rttop.cn studio </h4 >
    </div >
  </div >
</body >
</html >
```

3. 页面效果

该页面在 Opera Mobile Emulator 12.1 下执行的效果如图 4-3 所示。

4. 源码分析

从图 4-3 可以看出,在 jQuery Mobile 中,type 类型是 search 的搜索输入文本框的外围有圆角,最左端有一个圆形的搜索图标,当输入框中有内容字符时,它的最右侧会出现一个圆形的"×"按钮,单击该按钮时,可以清空输入框中的内容。

在 type 类型是 number 的数字输入文本中,单击最右端的上下两个调整按钮,可以动态改变数字输入框中值的大小,使用起来十分方便。

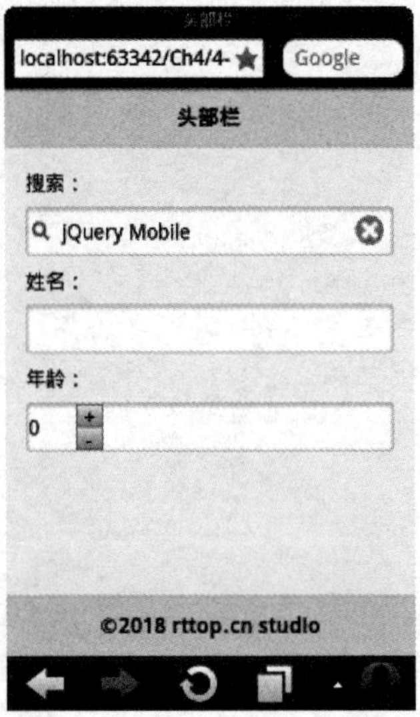

图 4-3　不同类型输入框的显示效果

4.2.2　滑块

在页面中,如果添加一个<input>元素,并将 type 的属性值设为 rang 时,便创建了一个滑块组件,在 jQuery Mobile 中,滑块组件由两部分组成:一个部分是可调整大小的数字输入框;另一部分是可拖动修改输入框数字的滑动条。滑块元素可以通过添加 min 和 max 属性值来设置滑动条的最小值与最大值,从而设定滑动条的取值范围,如 min 的属性值为 0,max 的属性值为 10,表示该滑块只能在 0~10 进行取值。

实例 4-4　滑块

1. 功能说明

新建一个 HTML 页面,在页面中添加一个滑块元素和一个 id 号为 spnPrev 的<span>元素,当拖动滑动条或修改数字输入框值时,<span>元素的背景色也随之发生变化。

2. 实现代码

在 WebStorm 开发工具中,新创建一个 HTML 页面 4-4html,加入如代码清单 4-4 所示的代码。

代码清单 4-4　滑块

```
<!DOCTYPE html>
<html>
<head>
    <title>jQuery Mobile 滑块</title>
    <meta name = "viewport" content = "width = device - width,
        initial - scale = 1" />
    <link href = "Css/css4.css"
        rel = "Stylesheet" type = "text/css" />
```

```html
< link href = "css/jquery.mobile - 1.4.5.min.css"
        rel = "Stylesheet" type = "text/css" />
< script src = "js/jquery - 1.11.1.min.js"
        type = "text/javascript"></script >
< script src = "js/jquery.mobile - 1.4.5.min.js"
        type = "text/javascript"></script >
< script type = "text/javascript">
    // JavaScript Document
    function $ $ (id) {
        return document.getElementById(id);
    }
    //动态改变区块背景色
    function setSpnColor() {
        var strColor = "rgb(" + $ ("#txtR").val()
        + ",233,244)";
        $ $ ("spnPrev").style.backgroundColor = strColor;
    }
</script >
</head >
< body >
  < div data - role = "page">
    < div data - role = "header"
        data - position = "fixed">
        < h1 >头部栏</h1 >
    </div >
    < div data - role = "main"
        class = "ui - content">
      < input type = "range"
            id = "txtR"
            value = "0"
            min = "0"
            max = "255"
            onchange = "setSpnColor()" />
      < span id = "spnPrev"></span >
  </div >
    < div data - role = "footer"
        data - position = "fixed">
        < h4 >© 2018 rttop.cn studio </h4 >
    </div >
  </div >
</body >
</html >
```

3. 页面效果

该页面在 Opera Mobile Emulator 12.1 下执行的效果如图 4-4 所示。

4. 源码分析

在本实例中,滑动条拖动时改变的值是数字输入框的值,而 min 与 max 的属性值是指定滑动条的取值范围,除拖动滑动条或单击数字输入框中的"＋"或"－"号修改滑块值外,还

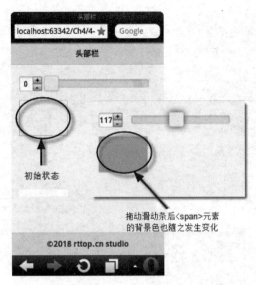

图4-4 拖动滑块改变元素背景色的效果

可以在键盘上单击方向键或 PageUp、PageDown、Home、End 键，都可以调节滑块值的大小。此外，如果要通过 JavaScript 代码设置滑块的值，必须完成设置后对滑块的样式进行刷新，如通过 JavaScript 代码设置滑块的值为 180，代码如下。

```
$(function(){
  $("input[type = range]").val(180).slider("refresh");
})
```

上述代码既设置了滑块当前的值为 180，又刷新了滑动条的样式，使其滑动到 180 这个刻度上，与数字输入框的值相对应。

4.2.3 翻转切换开关

在 jQuery Mobile 中，通过将<select>元素的 data-role 属性值设置为 slider，可以将该下拉列表元素下的两个<option>选项样式化成一个翻转切换开关，第一个<option>选项为"开"，取值为 true 或 1，第二个<option>选项为"关"，取值为 false 或 0，它是移动设备上常用的 UI 元素，常用于一些系统默认值的设置。

实例 4-5 翻转切换开关

1. 功能说明

新建一个 HTML 页面，在页面中添加一个<select>元素，并将该元素的 data-role 属性值设置为 slider，形成一个切换开关，且在元素中增加两个<option>选项，一个显示文本为"开"，取值为 1，另一个显示文本为"关"，取值为 0，切换开关时，显示当前开关所选择的值。

2. 实现代码

在 WebStorm 开发工具中，新创建一个 HTML 页面 4-5.html，加入如代码清单 4-5 所示的代码。

代码清单 4-5　翻转切换开关

```html
<!DOCTYPE html>
<html>
<head>
    <title>jQuery Mobile 翻转切换开关</title>
    <meta name="viewport" content="width=device-width,
        initial-scale=1" />
    <link href="Css/css4.css"
        rel="Stylesheet" type="text/css" />
    <link href="css/jquery.mobile-1.4.5.min.css"
        rel="Stylesheet" type="text/css" />
    <script src="js/jquery-1.11.1.min.js"
        type="text/javascript"></script>
    <script src="js/jquery.mobile-1.4.5.min.js"
        type="text/javascript"></script>
    <script type="text/javascript">
        //显示翻转切换开关当前的值
        function ChangeEvent() {
            $("#pTip").html($("#slider").val());
        }
    </script>
</head>
<body>
  <div data-role="page">
    <div data-role="header"
        data-position="fixed">
      <h1>头部栏</h1></div>
    <div data-role="main"
            class="ui-content">
      <select id="slider"
            data-role="slider"
            onchange="ChangeEvent();">
            <option value="1">开</option>
          <option value="0">关</option>
      </select>
      <p id="pTip"></p>
    </div>
    <div data-role="footer"
        data-position="fixed">
        <h4>© 2018 rttop.cn studio</h4>
    </div>
  </div>
</body>
</html>
```

3. 页面效果

该页面在 Opera Mobile Emulator 12.1 下执行的效果如图 4-5 所示。

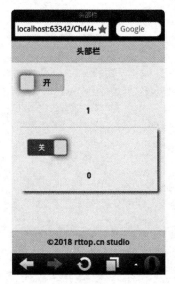

图 4-5　获取翻转开关的不同选择值

4. 源码分析

在本实例中，翻转开关在滑动时，将会触发一个 change 事件，在该事件中，可以获取当前切换后的值，即 id 号为 slider 的翻转开关中被选中项的值，而不是显示的文本内容。与滑块相同，如果需要使用 JavaScript 代码设置翻转开关的值，则在完成设置后必须刷新，代码如下。

```
$(function(){
    $("#slider")[0].selectedIndex = 1;
    $("#slider").slider("refresh");
})
```

上述代码是将第一个选项设置为选中状态，同时，刷新了一次整个翻转开关元素。

4.2.4　单选按钮

在 jQuery Mobile 中，单选按钮样式化后，更加容易被单击和触摸，在通常情况下，先使用 data-role 属性值为 controlgroup 的< fieldset >元素，包裹全部的< input >和< label >元素，这样可以以整个组的形式样式化容器中的全部标记，然后，在组成员结构中，每个< label >元素都通过 for 属性对应一个类型为 radio 的< input >元素，为了便于用户的触摸，这些< label >元素将会被拉长，实际上，当用户触摸某个单选按钮时，单击的是该单选按钮对应的< label >元素。

实例 4-6　单选按钮

1. 功能说明

新建一个 HTML 页面，使用< fieldset >容器以不同的 data-type 属性值包裹一个单选按钮组，该按钮组有三个单选按钮，分别对应 A、B、C 三个选项，当单击某个单选按钮时，将显示被选中按钮的值。

2. 实现代码

在 WebStorm 开发工具中,新创建一个 HTML 页面 4-6. html,加入如代码清单 4-6 所示的代码。

代码清单 4-6 单选按钮

```html
<!DOCTYPE html>
<html>
<head>
    <title>jQuery Mobile 单选按钮</title>
    <meta name="viewport" content="width=device-width,
        initial-scale=1" />
    <link href="css/jquery.mobile-1.4.5.min.css"
        rel="Stylesheet" type="text/css" />
    <script src="js/jquery-1.11.1.min.js"
        type="text/javascript"></script>
    <script src="js/jquery.mobile-1.4.5.min.js"
        type="text/javascript"></script>
    <script type="text/javascript">
        $(function() {
            //获取单选按钮选择时的值
            $("input[type='radio']").bind("change",
            function(event, ui) {
                $("#pTip").html(this.value);
            })
        })
    </script>
</head>
<body>
  <div data-role="page">
    <div data-role="header"
        data-position="fixed">
      <h1>头部栏</h1>
    </div>
    <div data-role="main"
            class="ui-content">
      <fieldset data-role="controlgroup"
            data-type="horizontal">
        <input type="radio"
                name="rdoA"
                id="rdo1"
                value="1"
                checked="checked" />
      <label for="rdo1">A</label>
      <input type="radio"
                name="rdoA"
                id="rdo2"
                value="2" />
```

```
        < label for = "rdo2" > B </ label >
        < input type = "radio"
                name = "rdoA"
                id = "rdo3"
                value = "3" />
        < label for = "rdo3" > C </ label >
        </ fieldset >
          < p id = "pTip" ></ p >
      </ div >
    < div data - role = "footer"
        data - position = "fixed" >
          < h4 >© 2018 rttop. cn studio </ h4 >
      </ div >
    </ div >
</ body >
</ html >
```

3. 页面效果

该页面在 Opera Mobile Emulator 12.1 下执行的效果如图 4-6 所示。

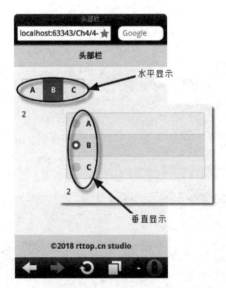

图 4-6   以不同的显示方式展现单选按钮的效果

4. 源码分析

在本实例中,以垂直和水平的两种显示方式展现了单选按钮的效果,由于被 < fieldset > 元素以组的形式包裹,因此,无论是垂直还是水平的方向,单选按钮的四周都有圆角的样式,以一个整体组的形式显示在页面中,单击某个单选按钮时,将触发对应的 change 事件,并在该事件中可以获取单选按钮对应的值,效果如图 4-6 所示。

与众多表单元素一样,如果想通过 JavaScript 代码改变单选按钮组中某个单选按钮的值,设置后必须重新对整个单选按钮组进行刷新,以确定能使对应的样式进行同步,如下代码所示。

```
$(function(){
  $("input[type = 'radio']:first").attr("checked",true)
    .checkboxradio("refresh");
})
```

上述代码在设置完第一个单选按钮的选中属性值后，重新对整个单选按钮组进行了一次刷新。

4.2.5　复选框

与单选按钮相类似，多个复选框选项被一个 data-role 属性值为 controlgroup 的 < fieldset >元素所包裹，通常情况下，多个复选框选项组合成的复选框按钮组放置在标题下面，通过 jQuery Mobile 固有的样式自动删除各个按钮间的 margin 距离，使其看起来更像一个整体。另外，复选框按钮组默认是垂直显示，也可以通过将< fieldset >元素的 data-type 属性值修改为 horizontal 变成水平显示，如果是水平显示，那么，将自动隐藏各个复选框的 Icon，并浮动成一排显示，这种效果类似于编辑器中"字体""颜色""下画线"等的设置。

实例 4-7　复选框

1. 功能说明

新建一个 HTML 页面，以垂直和水平两种方式显示复选框按钮组，并且当用户单击多个复选框选项时，分别获取所选择复选框对应的值，并显示在页面中。

2. 实现代码

在 WebStorm 开发工具中，新创建一个 HTML 页面 4-7. html，加入如代码清单 4-7 所示的代码。

代码清单 4-7　复选框

```
<!DOCTYPE html>
<html>
<head>
    <title> jQuery Mobile 复选框</title>
    <meta name = "viewport" content = "width = device - width,
        initial - scale = 1" />
    <link href = "css/jquery.mobile - 1.4.5.min.css"
        rel = "Stylesheet" type = "text/css" />
    <script src = "js/jquery - 1.11.1.min.js"
        type = "text/javascript"></script>
    <script src = "js/jquery.mobile - 1.4.5.min.js"
        type = "text/javascript"></script>
    <script type = "text/javascript">
        $(function() {
            var strChangeVal = "";
            var objCheckBox = $("input[type = 'checkbox']");
            //设置复选框选择时的值
            objCheckBox.bind("change", function(event, ui) {
```

```
                    if (this.checked) {
                        strChangeVal += this.value + ",";
                    } else {
                        strChangeVal =
                        GetChangeValue(objCheckBox);
                    }
                    $("#pTip").html(strChangeVal);
                })
            })
            //获取全部选择按钮的值
            function GetChangeValue(v) {
                var strS = "";
                v.each(function() {
                    if (this.checked) {
                        strS += this.value + ",";
                    }
                });
                return strS;
            }
    </script>
</head>
<body>
    <div data-role = "page">
        <div data-role = "header"
            data-position = "fixed">
            <h1>头部栏</h1>
        </div>
        <div data-role = "main"
            class = "i-content">
            <fieldset data-role = "controlgroup"
                data-type = "horizontal">
                <input type = "checkbox"
                    name = "chkA"
                    id = "chk1"
                    value = "1" />
                <label for = "chk1">A</label>
                <input type = "checkbox"
                    name = "chkA"
                    id = "chk2"
                    value = "2" />
                <label for = "chk2">B</label>
                <input type = "checkbox"
                    name = "chkA"
                    id = "chk3"
                    value = "3" />
                <label for = "chk3">C</label>
            </fieldset>
            <p id = "pTip"></p>
        </div>
```

```
    < div data – role = "footer"
        data – position = "fixed">
        < h4 >© 2018 rttop.cn studio </h4 >
    </div >
</div >
</body >
</html >
```

3. 页面效果

该页面在 Opera Mobile Emulator 12.1 下执行的效果如图 4-7 所示。

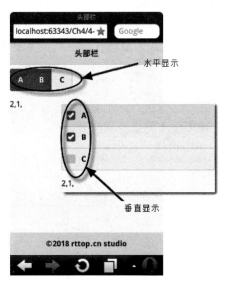

图 4-7 以不同的显示方式展现复选框按钮的效果

4. 源码分析

在本实例中,如果想获取被选中的复选框按钮值,需要遍历整个按钮组,根据各个选项的选中状态,以累加的方式记录被选中的复选框值。由于复选框也可以取消选中状态,因此,当用户选中后又取消时,需要再次遍历整个按钮组,重新以累加的方式记录所有被选中的复选框值,详细的实现代码如代码清单 4-7 所示。

与单选按钮一样,如果想要通过 JavaScript 代码控制复选框按钮中的选中状态,在设置完成后需要对整个按钮组的样式刷新一次,如下代码所示。

```
$ (function(){
    $ ("input[type = 'checkbox']:first").attr("checked", true).
        checkboxradio("refresh");
})
```

上述代码在将第一个复选框设置为选中状态后,对整个复选框按钮组进行了一次刷新,已确定整体的样式可以与选中的复选框进行同步。

4.2.6 选择菜单

和单选按钮与复选框不同,< select >元素形成的选择菜单在 jQuery Mobile 中的样式发生了很大的变化,它分为两种类型:一种是原生菜单类型,这种类型继续保持了原来 PC 端浏览器的样式,单击右端的向下箭头,出现一个下拉列表,选择其中的某一项;另一种类型是自定义菜单类型,该类型专用于移动设备的浏览器显示,使用该类型时,jQuery Mobile 中提供的自定义菜单样式将取代原始选择菜单的样式,使选择菜单在显示时发生变化。

将选择菜单的类型设为自定义的方法很简单,只要在< select >元素中,将 data-native-menu 属性值设置为 false,那么,该选择菜单便成为一个自定义的菜单,这种类型的菜单由按钮和菜单两部分组成,当用户单击某一按钮时,对应的菜单选择器将会自动打开,选择其中某一项后,菜单自动关闭,被单击按钮的值将自动更新为菜单中用户所选中的值。

实例 4-8 选择菜单

1. 功能说明

新建一个 HTML 页面,在选择菜单组容器中添加两个选择菜单,一个用于选择"年",另一个用于选择"月",当用户单击按钮并选中某选项后,页面中将显示被选中的选项值。

2. 实现代码

在 WebStorm 开发工具中,新创建一个 HTML 页面 4-8. html,加入如代码清单 4-8 所示的代码。

代码清单 4-8 选择菜单

```
<!DOCTYPE html>
<html>
<head>
    <title> jQuery Mobile 选择菜单</title>
    <meta name = "viewport" content = "width = device - width,
        initial - scale = 1" />
    <link href = "css/jquery.mobile - 1.4.5.min.css"
        rel = "Stylesheet" type = "text/css" />
    <script src = "js/jquery - 1.11.1.min.js"
        type = "text/javascript"></script>
    <script src = "js/jquery.mobile - 1.4.5.min.js"
        type = "text/javascript"></script>
    <script type = "text/javascript">
        $ (function() {
            var strYearVal = "";
            var strMonthVal = "";
            var objSelY = $ ("# selY");
            var objSelM = $ ("# selM");
            //设置复选框选择时的值
            objSelY.bind("change", function() {
                if (objSelY.val() != "年份") {
                    strYearVal = objSelY.val() + ",";
```

```
                    }
                    $("#pTip").html(strYearVal + strMonthVal);
                })
                objSelM.bind("change", function() {
                    if (objSelM.val() != "月份") {
                        strMonthVal = objSelM.val() + ",";
                    }
                    $("#pTip").html(strYearVal + strMonthVal);
                })
            })
    </script>
</head>
<body>
    <div data-role="page">
        <div data-role="header"
            data-position="fixed">
            <h1>头部栏</h1>
        </div>
        <div data-role="main"
            class="ui-content">
            <fieldset data-role="controlgroup"
                data-type="horizontal">
                <select name="selY"
                    id="selY"
                    data-native-menu="false">
                        <option>年份</option>
                        <option value="2017">2017</option>
                        <option value="2018">2018</option>
                </select>
                <select name="selM"
                    id="selM"
                    data-native-menu="false">
                        <option>月份</option>
                        <option value="1">1</option>
                        <option value="2">2</option>
                        <option value="3">3</option>
                        <option value="4">4</option>
                        <option value="5">5</option>
                        <option value="6">6</option>
                        <option value="7">7</option>
                        <option value="8">8</option>
                        <option value="9">9</option>
                        <option value="10">10</option>
                        <option value="11">11</option>
                        <option value="12">12</option>
                </select>
                <p id="pTip"></p>
            </fieldset>
        </div>
```

```
      < div data - role = "footer"
          data - position = "fixed">
          < h4 >© 2018 rttop. cn studio </h4 >
      </div >
    </div >
  </body >
</html >
```

3. 页面效果

该页面在 Opera Mobile Emulator 12.1 下执行的效果如图 4-8 所示。

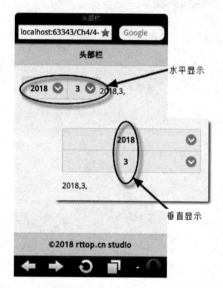

图 4-8　以不同的显示方式展现选择菜单的效果

4. 源码分析

在本实例中,两个选择菜单被 data-role 属性值为 controlgroup 的< fieldset >元素所包裹,因此,它是以一个整体组的形式显示在页面中,通过设置< fieldset >元素的 data-type 属性值,可以调节选择菜单组展现的方式。

由于选择菜单将 data-native-menu 属性值设置为 false,因此,它变成了一个自定义类型的选择菜单,当用户单击"年份"按钮时,在页面中将弹出一个菜单形式的对话框,用户在对话框中选择某选项后,触发选择菜单的 change 事件,该事件将在页面中显示用户所选择的菜单选择值。同时,对话框自动关闭,并更新对应菜单按钮中所显示的内容。

说明: 在编写选择菜单 change 事件的代码时,应该首先检测用户是否选择了某选择值,如果没有选择,应作相应的提示信息或检测,以确保获取数据的完整性。

4.2.7　多项选择菜单

与原生的页面中的选择菜单不同,jQuery Mobile 中的选择菜单还可以通过设置 multiple 属性值,实现菜单的多项选择。如果将某个选择菜单的 multiple 属性值设置为

true,那么,在单击该按钮弹出的菜单对话框中,全部菜单选项的右侧将会出现一个可勾选的复选框,用户通过单击该复选框,可以选中任意多个,选择完成后,单击左上角的"关闭"按钮,已弹出的对话框将自动关闭,对应的按钮自动更新用户所选择的多项内容值。

实例 4-9 多项选择菜单

1. 功能说明

将实例 4-8 中选择菜单按钮的 multiple 属性值设置为 true,从而使用"年""月"这两个选择菜单变成多项选择,用户选择后,将选中的内容值显示在对应按钮中。

2. 实现代码

在 WebStorm 开发工具中,新创建一个 HTML 页面 4-9. html,加入如代码清单 4-9 所示的代码。

代码清单 4-9 多项选择菜单

```
<!DOCTYPE html>
<html>
<head>
    <title> jQuery Mobile 多项选择菜单</title>
    <meta name = "viewport" content = "width = device - width,
        initial - scale = 1" />
    <link href = "css/jquery.mobile - 1.4.5.min.css"
        rel = "Stylesheet" type = "text/css" />
    <script src = "js/jquery - 1.11.1.min.js"
        type = "text/javascript"></script>
    <script src = "js/jquery.mobile - 1.4.5.min.js"
        type = "text/javascript"></script>
    <script type = "text/javascript">
        $ (function() {
            $ ("#selM")[0].selectedIndex = 2;
            $ ("#selM").selectmenu("refresh");
        })
    </script>
</head>
<body>
  <div data - role = "page">
    <div data - role = "header"
        data - position = "fixed">
      <h1>头部栏</h1>
    </div>
    <div data - role = "main"
        class = "ui - content">
      <fieldset data - role = "controlgroup">
            <select name = "selY"
                id = "selY"
                data - native - menu = "false"
                multiple = "true">
                    <option>年份</option>
                    <option value = "2017"> 2017 </option>
```

```
                    < option value = "2018"> 2018 </option >
                </select >
                < select name = "selM"
                  id = "selM"
                  data – native – menu = "false"
                  multiple = "true">
                      < option >月份</option >
                      < option value = "jan"> 1 </option >
                      < option value = "dec"> 2 </option >
                      < option value = "feb"> 3 </option >
                      < option value = "mar"> 4 </option >
                      < option value = "apr"> 5 </option >
                      < option value = "may"> 6 </option >
                      < option value = "jun"> 7 </option >
                      < option value = "jul"> 8 </option >
                      < option value = "aug"> 9 </option >
                      < option value = "sep"> 10 </option >
                      < option value = "oct"> 11 </option >
                      < option value = "nov"> 12 </option >
                </select >
            </fieldset >
        </div >
        < div data – role = "footer"
            data – position = "fixed">
            < h4 >© 2018 rttop.cn studio </h4 >
        </div >
    </div >
</body >
</html >
```

3. 页面效果

该页面在 Opera Mobile Emulator 12.1 下执行的效果如图 4-9 所示。

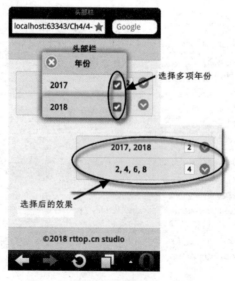

图 4-9　多项选择菜单执行时的效果

4. 源码分析

在本实例中,多项选择菜单在用户选择后,对应的按钮中不仅会显示所选择的内容值,而且超过 2 项选择时,在下拉图标的左侧还会有一个圆形的标签,在标签中显示用户所选择的选项总数据,另外,在弹出的菜单选择对话框中,选择某一个选项后,对话框不会自动关闭,必须单击左上角圆形的"关闭"按钮,才算完成一次菜单的选择。

单击"关闭"按钮后,各项选择的值将会变成一行用逗号分隔的文本显示在对应按钮中,如果按钮长度不够,多余部分将显示成省略号。

与所有的表单元素一样,无论是选择菜单还是多项选择菜单,如果想要通过使用 JavaScript 代码控制选择菜单所选中的值,必须对该选择菜单刷新一次,从而使用对应的样式与选择项同步,代码如下。

```
$(function(){
    $("#selM")[0].selectedIndex = 2;
    $("#selM").selectmenu("refresh");
})
```

上述代码将月份下拉框的第 2 项设置为选中状态,同时,刷新整个选择菜单,使用选择值与样式同步。

4.3 列表

在 jQuery Mobile 中,如果在<ul>元素中,将 data-role 属性值设置为 listview,那么,便形成了一个无序的列表,并且将会对列表渲染对应的样式,如列表的宽度与屏幕同比缩放,在列表选项的最右侧,有一个带右箭头的链接图标。另外,列表还有许多种类,如基本列表、嵌套列表、编号列表等,同时,还可以对列表中选项的内容进行分割与格式化。

4.3.1 基本列表

一旦一个<ul>元素被定义为列表后,jQuery Mobile 将对该列表进行对应样式的渲染,列表中的选项也变得易于触摸,如果单击某选项,将会通过 Ajax 的方式异步请求一个对应的 URL 地址,并在 DOM 中,创建一个新的页面,借助默认切换的效果,进入该页面中。

实例 4-10 基本列表

1. 功能说明

新建一个 HTML 页面,在页面中添加一个 data-role 属性值为 listview 的<ul>元素作为列表容器,另外,在容器中再添加内容分别为"图书"和"音乐"的两个选项。

2. 实现代码

在 WebStorm 开发工具中,新创建一个 HTML 页面 4-10.html,加入如代码清单 4-10 所示的代码。

代码清单 4-10　基本列表

```
<!DOCTYPE html>
<html>
<head>
    <title> jQuery Mobile 基本列表</title>
    <meta name = "viewport" content = "width = device - width,
        initial - scale = 1" />
    <link href = "css/jquery.mobile - 1.4.5.min.css"
        rel = "Stylesheet" type = "text/css" />
    <script src = "js/jquery - 1.11.1.min.js"
        type = "text/javascript"></script>
    <script src = "js/jquery.mobile - 1.4.5.min.js"
        type = "text/javascript"></script>
</head>
<body>
  <div data - role = "page">
    <div data - role = "header"
        data - position = "fixed">
        <h1>头部栏</h1>
    </div>
    <ul data - role = "listview">
      <li><a href = "#">图书</a></li>
      <li><a href = "#">音乐</a></li>
    </ul>
    <div data - role = "footer"
        data - position = "fixed">
        <h4>© 2018 rttop.cn studio </h4>
    </div>
  </div>
</body>
</html>
```

3. 页面效果

该页面在 Opera Mobile Emulator 12.1 下执行的效果如图 4-10 所示。

4. 源码分析

在本实例中,jQuery Mobile 通过自带的样式对< ul >元素进行了渲染,使列表中的各选项拉长,更加容易触摸,选项最右侧的圆形带箭头的链接图标,示意用户该选项有链接,单击时,通切换页面的方式,跳转到各选项< a >元素中 href 属性值所指的页面中。

4.3.2　嵌套列表

在 jQuery Mobile 中,< ul >、< ol >元素不仅可以被渲染成列表,而且该列表还可以进行嵌套,实现的方法是在父列表< ul >、< ol >元素的< li >标签中,添加子列表< ul >或< ol >

图 4-10　只有两个选项的
基本列表效果

元素,形成嵌套列表的格局。当用户单击父列表中的某个选项时,jQuery Mobile 会自动生成一个包含子列表< ul >或< ol >元素全部内容的新页面,但页面的主题则为父列表的标题内容。

实例 4-11　嵌套列表

1. 功能说明

新建一个 HTML 页面,添加一个< ul >元素,并在该元素中增加两个< li >选项元素,主题分别为"图书""音乐"。同时,在两个< li >元素中,再分别添加另外两个与之对应的< ul >列表元素作为子列表,当单击父列表中某个选项时,将自动切换至对应的子列表页面中。

2. 实现代码

在 WebStorm 开发工具中,新创建一个 HTML 页面 4-11. html,加入如代码清单 4-11 所示的代码。

代码清单 4-11　嵌套列表

```
<! DOCTYPE html >
< html >
< head >
    < title > jQuery Mobile 嵌套列表</title>
    < meta name = "viewport" content = "width = device - width,
        initial - scale = 1" />
    < link href = "css/jquery. mobile - 1. 4. 5. min. css"
        rel = "Stylesheet" type = "text/css" />
    < script src = "js/jquery - 1. 11. 1. min. js"
        type = "text/javascript"></script >
    < script src = "js/jquery. mobile - 1. 4. 5. min. js"
        type = "text/javascript"></script >
</head >
< body >
< div data - role = "page" id = "pageone">
    < div data - role = "header"
        data - position = "fixed">
        < h1 >头部栏</h1>
    </div >
    < div data - role = "main" class = "ui - content">
        < ul data - role = "listview" data - inset = "true">
            < li >< a href = " # book" data - rel = "popup">
                < h3 >图书</h3>
                < p >一本好书,就是一个良师益友.</p>
                </a ></li >
            < li >< a href = " # music" data - rel = "popup">
                < h3 >音乐</h3>
                < p >好的音乐可以陶冶人的情操.</p>
                </a ></li >
        </ul >
        < div data - role = "popup" id = "book">
```

```
                    < ul data - role = "listview" data - inset = "true">
                        < li >计算机</li>
                        < li >社科</li>
                    </ul>
                </div>
                < div data - role = "popup" id = "music">
                    < ul data - role = "listview" data - inset = "true">
                        < li >流行</li>
                        < li >通俗</li>
                    </ul>
                </div>
            </div>
            < div data - role = "footer"
                data - position = "fixed">
                < h4 >© 2018 rttop.cn studio </h4>
            </div>
        </div>
        </body>
        </html>
```

3. 页面效果

该页面在 Opera Mobile Emulator 12.1 下执行的效果
如图 4-11 所示。

4. 源码分析

在本实例中,当用户单击父列表框中某个选项内容时,
将以弹框形式显示子级内容。

4.3.3 有序列表

与< ul >无序列表元素相对应,使用< ol >元素可以创建
一个有序的列表,在有序列表中借助排列的编号顺序来展现
一种有序的列表效果。在有序列表显示时,jQuery Mobile
会优先使用 CSS 样式给列表添加编号,如果浏览器不支持这
种 CSS 样式,jQuery Mobile 将会调用 JavaScript 中的方法向列
表写入编号,以确保有序列表的效果可以兼容各种浏览器。

图 4-11 嵌套列表的效果

实例 4-12 有序列表

1. 功能说明

新建一个 HTML 页面,添加一个< ol >元素作为有序列表的容器,在容器中通过< li >
元素显示不同类别图书的销售排行榜。

2. 实现代码

在 WebStorm 开发工具中,新创建一个 HTML 页面 4-12. html,加入如代码清单 4-12
所示的代码。

代码清单 4-12 有序列表

```html
<!DOCTYPE html>
<html>
<head>
    <title>jQuery Mobile 有序列表</title>
    <meta name="viewport" content="width=device-width,
        initial-scale=1" />
    <link href="css/jquery.mobile-1.4.5.min.css"
        rel="stylesheet" type="text/css" />
    <script src="js/jquery-1.11.1.min.js"
        type="text/javascript"></script>
    <script src="js/jquery.mobile-1.4.5.min.js"
        type="text/javascript"></script>
</head>
<body>
  <div data-role="page">
    <div data-role="header"
      data-position="fixed">
      <h1>头部栏</h1>
    </div>
    <ol data-role="listview" start="1" type="a">
      <li><a href="#">计算机</a></li>
      <li><a href="#">文艺</a></li>
      <li><a href="#">社科</a></li>
    </ol>
    <div data-role="footer"
       data-position="fixed">
      <h4>© 2018 rttop.cn studio</h4>
    </div>
  </div>
</body>
</html>
```

3. 页面效果

该页面在 Opera Mobile Emulator 12.1 下执行的效果如图 4-12 所示。

4. 源码分析

在本实例中,jQuery Mobile 使用<ol>元素可以创建一个有序列表,该项功能常用于商品排行榜的显示,另外,由于 jQuery Mobile 已全面支持 HTML 5 的新特征和属性,因此,原则上,<ol>元素中的 start 属性是允许使用的,表示规定起始数字,但由于考虑到浏览器的兼容性,jQuery Mobile 对该属性暂时不支持。此外,<ol>元素的 type、compact 属性不建议在 HTML 5 中使用,且 jQuery Mobile 对这两个属性也是不支持的。

图 4-12 有序列表的效果

4.3.4 分割按钮列表

在 jQuery Mobile 的列表中,有时需要对选项内容做两个不同的操作,这时,需要对选项中的链接按钮进行分割,实现分割的方法非常简单,只需要在<li>元素中再增加一个<a>元素,便可以在页面中实现分割的效果。

分割后的两部分间通过一条竖直的分割线进行分开,分割线左侧为缩短长度后的选项链接按钮,右侧为后增加的<a>元素,该元素的显示效果只是一个带图标的按钮,可以通过设置<ul>元素中 data-split-icon 属性的值,来改变该按钮中的图标。

实例 4-13 分割按钮列表

1. 功能说明

新建一个 HTML 页面,添加一个<ul>元素,并在<ul>元素中增加两个<li>元素,在这两个<li>元素中,分别采用分割按钮的方式,图文并茂地展现两本图书的资料信息。

2. 实现代码

在 WebStorm 开发工具中,新创建一个 HTML 页面 4-13.html,加入如代码清单 4-13 所示的代码。

代码清单 4-13 分割按钮列表

```html
<!DOCTYPE html>
<html>
<head>
    <title>jQuery Mobile 分割按钮列表</title>
    <meta name="viewport" content="width=device-width,
        initial-scale=1" />
    <link href="css/jquery.mobile-1.4.5.min.css"
            rel="stylesheet" type="text/css" />
    <script src="js/jquery-1.11.1.min.js"
                type="text/javascript"></script>
    <script src="js/jquery.mobile-1.4.5.min.js"
                type="text/javascript"></script>
</head>
<body>
  <div data-role="page">
    <div data-role="header"
            data-position="fixed">
            <h1>头部栏</h1>
    </div>
    <ul data-role="listview"
            data-split-icon="gear"
            data-split-theme="d">
        <li>
        <a href="#">
         <img src="Images/2011 年作品.jpg" />
            <h3>HTML 5 实战</h3>
```

```
            <p>一本全面介绍 HTML 5 新增特征与 API 的原创图书.</p>
            </a>
            <a href = "#"
            data-rel = "dialog"
            data-transition = "slideup">2011 年作品
            </a>
            </li>
            <li>
            <a href = "#">
            <img src = "Images/2010 年作品.jpg" />
            <h3>jQuery 权威指南</h3>
            <p>
        通过一个个精选的实例详细完整地介绍 jQuery 的方方面面.
            </p>
            </a>
            <a href = "#"
            data-rel = "dialog"
            data-transition = "slideup">2010 年作品
            </a>
            </li>
        </ul>
    <div data-role = "footer"
            data-position = "fixed">
        <h4>© 2018 rttop.cn studio</h4>
    </div>
</div>
</body>
</html>
```

3. 页面效果

该页面在 Opera Mobile Emulator 12.1 下执行的效果
如图 4-13 所示。

4. 源码分析

在本实例中,通过向<li>元素中多添加一个<a>元素
后,便可以通过一条分割线,将列表选项中的链接按钮分割
成两部分,其中,分割线左侧区域的长度可以随着移动终端
设备分辨率的不同,进行等比缩放,而右侧区域仅是一个只
有图标的链接按钮,它的长度是自动适应且固定不变的。

说明:目前在 jQuery Mobile 中,列表中的分割只支持
分成两部分,即在<li>元素中,只允许有两个<a>元素出现,
如果添加两个以上的元素,将以最后一个元素作为分割线右
侧部分。

图 4-13 列表中分割按钮的效果

4.3.5 分割列表项

在 jQuery Mobile 中,除了可以分割列表项中的按钮外,还可以对列表进行分割,这里所说的分割其实质是分类、归纳的意思,即在列表中,通过分割项可以将同类的列表项组织起来,形成相互独立的同类列表组,组的下面是一个个列表项。

实现分割列表项的方法很简单,只需要在分割的位置增加一个<li>元素,并将该元素的 data-role 属性值设置为 list-divider,表示该<li>元素是一个分割列表项,默认情况下,普通列表项的主题色为"浅灰色",分割列表项的主题色为"蓝色",两者通过主题颜色上的区别,形成层次上的包含效果。

实例 4-14 分割列表项

1. 功能说明

新建一个 HTML 页面,添加一个<ul>列表元素,并增加两个<li>元素作为分割列表项,一个用于"图书"分类,另外一个用于"音乐"分类,并分别显示各分割列表项下的同类列表项。

2. 实现代码

在 WebStorm 开发工具中,新创建一个 HTML 页面 4-14.html,加入如代码清单 4-14 所示的代码。

代码清单 4-14 分割列表项

```
<!DOCTYPE html>
<html>
<head>
    <title>jQuery Mobile 分割列表项</title>
    <meta name="viewport" content="width=device-width,
        initial-scale=1" />
    <link href="css/jquery.mobile-1.4.5.min.css"
        rel="stylesheet" type="text/css" />
    <script src="js/jquery-1.11.1.min.js"
        type="text/javascript"></script>
    <script src="js/jquery.mobile-1.4.5.min.js"
        type="text/javascript"></script>
</head>
<body>
  <div data-role="page">
    <div data-role="header"
        data-position="fixed">
      <h1>头部栏</h1>
    </div>
    <ul data-role="listview">
      <li data-role="list-divider">图书</li>
      <li><a href="#">计算机</a></li>
      <li><a href="#">社科</a></li>
      <li><a href="#">文艺</a></li>
```

```
        < li data - role = "list - divider">音乐</li>
        < li >< a href = " # ">流行</a></li>
        < li >< a href = " # ">通俗</a></li>
    </ul>
    < div data - role = "footer"
        data - position = "fixed">
        < h4 >© 2018 rttop.cn studio </h4 >
    </div >
</div >
</body >
</html>
```

3. 页面效果

该页面在 Opera Mobile Emulator 12.1 下执行的效果
如图 4-14 所示。

4. 源码分析

在本实例中,通过给< ul >元素添加一个 data-role 属性
值为 list-divider 的< li >元素,便在列表中自动形成一个不同
主题色的分割列表项,该列表项的主题颜色也可以通过修改
< ul >元素中的 data-divider-theme 属性值进行修改。

分割列表项的作用仅是将列表中的选项内容进行分类
归纳,因此,在使用时,不要滥用,且在一个列表中不宜过多
使用分割列表项,但每一个分割列表项下的列表项数量不要
太少。

图 4-14 分割列表项的效果

4.3.6 图标与计数器

在 jQuery Mobile 的列表< ul >或< ol >元素中,如果将一个< img >元素作为< li >元素
中的第一个子元素,那么,该< img >图片元素将自动缩放成一个边长为 80 像素的正方形,
作为图片的缩略图,详细实例代码如代码清单 4-13 所示。

但是,如果< img >元素中的图片只是一个图标,则应给该元素添加一个名称为 ui-li-
icon 的类别属性,才能在列表项的最左侧正常显示该图标。另外,如果想在列表项的最右侧
显示一个计数器,只要添加一个< span >元素,并在该元素中增加一个名称为 ui-li-count 类
别属性即可。

实例 4-15 列表中的图标与计数器

1. 功能说明

新建一个 HTML 页面,添加一个< ul >列表元素,在列表中,分别增加一个显示图标的
< img >元素和显示计数器的< span >元素,并设置对应的类别属性,显示在页面中。

2. 实现代码

在 WebStorm 开发工具中,新创建一个 HTML 页面 4-15. html,加入如代码清单 4-15

所示的代码。

代码清单 4-15　列表中的图标与计数器

```html
<!DOCTYPE html>
<html>
<head>
    <title>jQuery Mobile 缩略图与计数器</title>
    <meta name = "viewport" content = "width = device - width,
        initial - scale = 1" />
    <link href = "css/jquery.mobile - 1.4.5.min.css"
        rel = "stylesheet" type = "text/css" />
    <script src = "js/jquery - 1.11.1.min.js"
        type = "text/javascript"></script>
    <script src = "js/jquery.mobile - 1.4.5.min.js"
        type = "text/javascript"></script>
</head>
<body>
  <div data - role = "page">
    <div data - role = "header"
        data - position = "fixed">
      <h1>头部栏</h1>
    </div>
    <ul data - role = "listview">
        <li>
          <a href = "#">
            <img src = "Images/01.png"
                alt = "图书"
                class = "ui - li - icon" />图书
            <span class = "ui - li - count">3</span>
          </a>
        </li>
        <li>
          <a href = "#">
            <img src = "Images/02.png"
                alt = "音乐"
                class = "ui - li - icon" />音乐
            <span class = "ui - li - count">2</span>
          </a>
        </li>
    </ul>
  <div data - role = "footer"
      data - position = "fixed">
    <h4>© 2018 rttop.cn studio</h4>
    </div>
</div>
</body>
</html>
```

3. 页面效果

该页面在 Opera Mobile Emulator 12.1 下执行的效果
如图 4-15 所示。

4. 源码分析

在本实例中,＜img＞元素所放置的图标尺寸大小控制在
16 像素以内,如果图标尺寸过大,虽然也会进行缩放,但与
图标右侧的标题部分将会不协调,从而影响到用户的体验。
另外,如果计数器＜span＞元素中显示的内容过长,该元素将
会固定右侧位置,自动向左伸展,直到完全显示为止。

图 4-15　含有图标和计数器的
列表项效果

4.3.7　内容格式化与计数器

jQuery Mobile 支持以 HTML 语义化的元素,如＜span＞、
＜h＞、＜p＞来显示列表中所需的内容格式,通常情况下,使用
＜span＞元素,并添加一个名为 ui-li-count 的类别属性,可以
在列表项的右侧生成一个计数器。使用＜h＞元素来突显列
表项中显示的内容,＜p＞元素用于减弱列表项中显示的内容,两者结合,可以使列表项中显
示的内容具有层次关系。另外,如果要增加补充信息,如日期,可以在显示的＜p＞元素中,
添加一个名为 ui-li-aside 的类别。

实例 4-16　内容格式化与计数器

1. 功能说明

新建一个 HTML 页面,创建一个＜ul＞列表属性,并在列表中通过使用＜h＞、＜span＞、
＜p＞元素,并结合名为 ui-li-count、ui-li-aside 的类别属性,显示两本图书的相应信息。

2. 实现代码

在 WebStorm 开发工具中,新创建一个 HTML 页面 4-16.html,加入如代码清单 4-16
所示的代码。

代码清单 4-16　内容格式化与计数器

```
<!DOCTYPE html>
<html>
<head>
    <title>jQuery Mobile 内容格式化与计数器</title>
    <meta name="viewport" content="width=device-width,
        initial-scale=1" />
    <link href="css/jquery.mobile-1.4.5.min.css"
        rel="stylesheet" type="text/css" />
    <script src="js/jquery-1.11.1.min.js"
        type="text/javascript"></script>
    <script src="js/jquery.mobile-1.4.5.min.js">
```

```
                        type = "text/javascript"></script>
</head>
<body>
  <div data-role = "page">
    <div data-role = "header"
           data-position = "fixed">
             <h1>头部栏</h1>
    </div>
    <ul data-role = "listview">
      <li data-role = "list-divider">
          2010 年、2011 年作品集
          <span class = "ui-li-count">2</span>
      </li>
      <li>
       <a href = "#">
          <h3>2011 年作品</h3>
          <p><strong>HTML 5 实战</strong></p>
          <p>一本全面介绍 HTML 5 新增特征与 API 的原创图书.</p>
          <p class = "ui-li-aside">
             <strong>2011.01</strong>出版
          </p>
       </a>
      </li>
      <li>
       <a href = "#">
          <h3>2010 年作品</h3>
          <p><strong>jQuery 权威指南</strong></p>
      <p>通过一个个精选的实例详细完整地介绍 jQuery 的方方面面.</p>
          <p class = "ui-li-aside">
             <strong>2010.01</strong>出版
          </p>
       </a>
      </li>
    </ul>
    <div data-role = "footer"
        data-position = "fixed">
        <h4>© 2018 rttop.cn studio</h4>
    </div>
  </div>
</body>
</html>
```

3. 页面效果

该页面在 Opera Mobile Emulator 12.1 下执行的效果如图 4-16 所示。

4. 源码分析

在本实例中,通过对列表项中的内容进行格式化,可以将大量的信息层次清晰地显示在页面中,实现的效果如图 4-16 所示。

另外,如果想使用搜索方式过滤列表项中的标题内容,可以将<ul>元素的 data-filter

图 4-16　内容格式化后的列表项效果

属性值设为 true,jQuery Mobile 将会在列表的上方自动增加一个搜索框,当用户在搜索框中输入字符时,jQuery Mobile 将会自动过滤掉不包含搜索字符内容的列表项。

　　此外,与其他元素相类似,如果通过 JavaScript 代码添加列表中的列表项,则需要调用列表的刷新(refresh)方法,更新对应的样式并将添加的列表项同步到原有列表中,代码如下:

```
$('ul').listview('refresh');
```

　　上述代码的功能是对标签是<ul>的元素整体刷新一次。

4.4　本章小结

　　在本章中,先从按钮讲起,由浅入深地介绍了表单中各个常用组件在 jQuery Mobile 中的使用方法,最后,结合一个个简单的实例,完整详细地介绍了 jQuery Mobile 重要组件——列表所涉及的方方面面的知识,使读者在了解第 3 章的基础上,结合本章的学习内容,全面理解与掌握 jQuery Mobile 中各种重要组件的使用方法与技巧。

第 5 章

jQuery Mobile主题

本章学习目标

- 熟练掌握自定义 jQuery Mobile 页面主题的方法；
- 了解 jQuery Mobile 页面中列表与表单元素主题的定义；
- 掌握 jQuery Mobile 页面中工具栏与内容主题的应用。

5.1 概述

显而易见，在 jQuery Mobile 中，组件和页面布局的主题定义是通过使用一套完整的 CSS 框架来实现的，在这套 CSS 框架中包括如下两个重要组成部分。

- 结构：用于控制元素在屏幕中显示的位置、填充效果、内外边距等。
- 主题：用于控制元素的颜色、渐变、字体、圆角、阴影等视觉效果，并包含了多套色板，每套色板中都定义了列表项、按钮、表单、工具栏、内容块、页面的全部视觉效果。

jQuery Mobile 中，CSS 框架中的结构和主题是分离的，这样就只需要定义一套结构就可以反复与一套或多套主题配合或混合使用，从而实现页面布局和组件主题多样化的效果。

在 jQuery Mobile 中，系统自带了两套主题样式，分别用字母 a、b 来进行引用，其各主题的使用场景说明如表 5-1 所示。

表 5-1　jQuery Mobile 中主题的使用场景

主题字母名称	使用场景说明
a	为默认主题，页面为灰色，头部与底部均为灰色背景黑色文字
b	页面为黑色，头部与底部均为黑色背景白色文字

除使用上述系统自带的两种主题外，开发者还可以很方便地修改系统主题中的各类属性值，并可以很快捷地自定义属于自己的主题，相关内容将在接下来的章节中进行详细介绍。

5.1.1　默认主题

在默认情况下，jQuery Mobile中给头部栏与底部栏的主题是 a 字母，因为 a 字母代表最高的视觉效果，如果需要改变某组件或容器当前的主题，只需将它的 data-theme 属性值设置成主题对应的样式字母即可。

实例 5-1　选择并保存主题

1．功能说明

新建一个 HTML 页面，并在内容区域中创建一个下拉列表，用于选择系统自带的 5 种类型主题，当用户通过下拉列表选择某一主题时，使用 cookie 的方式保存所选择的主题值，并在刷新页面时，将内容区域的主题设置成 cookie 所保存的主题值。

2．实现代码

在 WebStorm 开发工具中，新创建一个 HTML 页面 5-1.html，加入如代码清单 5-1 所示的代码。

代码清单 5-1　选择并保存主题

```
<!DOCTYPE html>
<html>
<head>
    <title> jQuery Mobile 选择并保存主题</title>
    <meta name = "viewport" content = "width = device - width,
        initial - scale = 1" />
    <link href = "css/jquery.mobile - 1.4.5.min.css"
        rel = "stylesheet" type = "text/css" />
    <script src = "js/jquery - 1.11.1.min.js"
        type = "text/javascript"></script>
    <script src = "js/jquery.mobile - 1.4.5.min.js"
        type = "text/javascript"></script>
    <script src = "js/jquery.cookie.js"
        type = "text/javascript"></script>
    <script type = "text/javascript">
    $ (function() {
        var objSelTheme =  $ (" # selTheme");
        objSelTheme.bind("change", function() {
            //如果选择的值不为空
            if (objSelTheme.val() != "") {
                //使用 cookie 保存所选择的主题
                $ .cookie("StrTheme", objSelTheme.val(), {
                    path: "/", expires: 7
                })
                //重新刷新一次页面,运用主题
                window.location.reload();
            }
        })
    })
    //如果主题不为空,则运用主题
```

```
            if ( $ .cookie("StrTheme")) {
                $ .mobile.page.prototype.options.theme =
                $ .cookie("StrTheme");
            }
        </script>
    </head>
    <body>
        <div data-role = "page">
            <div data-role = "header"
                data-position = "fixed">
                <h1>头部栏</h1>
            </div>
            <div data-role = "main"
                    class = "ui-content">
                <select name = "selTheme"
                        id = "selTheme"
                        data-native-menu = "false">
                <option value = "">选择主题</option>
                    <option value = "a">主题 a</option>
                    <option value = "b">主题 b</option>
            </div>
            <div data-role = "footer"
                data-position = "fixed">
                <h4>© 2018 rttop.cn studio</h4>
            </div>
        </div>
    </body>
</html>
```

3. 页面效果

该页面在 Opera Mobile Emulator 12.1 下执行的效果如图 5-1 所示。

4. 源码分析

在本实例中,首先,引用了一个 cookie 插件文件 jquery.cookie.js;然后,在下拉列表的 change 事件中,当用户选择的主题值不为空时,调用插件中的方法,将用户选择的主题值保存至名称为 StrTheme 的 cookie 变量中;最后,当页面刷新或重新加载时,如果名为 StrTheme 的 cookie 变量不为空时,那么,通过 "$.mobile.page.prototype.options.theme = $.cookie("StrTheme")"语句,将页面内容区域的主题设置为用户所选择的主题值。

由于使用的是 cookie 方式保存页面的主题值,因此,即使是关闭浏览器,重新再打开时,用户所选择的主题依然有效,除非手动清除 cookie 值或对应的 cookie 值到期后自动失效,页面才会自动恢复到默认的主题值。

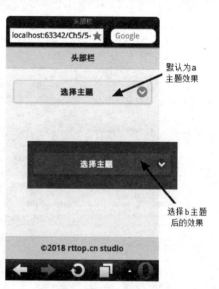

图 5-1　通过下拉列表选择并保存主题的效果

5.1.2　修改默认主题

虽然 jQuery Mobile 中提供了两种系统自带的主题,但大部分的开发人员还是希望可以根据应用的需求,修改相应的主题结构和色调。实现的方法也很简单,只要打开定义主题的 CSS 文件 jquery.mobile-1.4.5.min.css,找到需要修改的元素,调整对应的属性值,然后保存文件即可。

实例 5-2　修改默认主题

1. 功能说明

首先,打开 jQuery Mobile 中用于控制页面主题的 CSS 文件 jquery.mobile-1.4.5.min.css,找到类别名称".ui-bar-a",将它对应的 color 属性值修改为 blue,并保存;然后,新建一个 HTML 页面,分别添加头部栏、内容区域和尾部栏,浏览该页面时,工具栏的字体颜色已由灰色变成蓝色。

2. 实现代码

在 WebStorm 开发工具中,新创建一个 HTML 页面 5-2.html,加入如代码清单 5-2 所示的代码。

代码清单 5-2　修改默认主题

```
<!DOCTYPE html>
<html>
<head>
    <title>jQuery Mobile 修改默认主题</title>
    <meta name="viewport" content="width=device-width,
        initial-scale=1" />
    <link href="css/jquery.mobile-1.4.5.min.css"
        rel="stylesheet" type="text/css" />
    <script src="js/jquery-1.11.1.min.js"
        type="text/javascript"></script>
    <script src="js/jquery.mobile-1.4.5.min.js"
        type="text/javascript"></script>
</head>
<body>
  <div data-role="page">
    <div data-role="header"
        data-position="fixed">
        <h1>头部栏</h1>
    </div>
    <div data-role="main"
        class="ui-content">
        <p>导航条的字体颜色发生了变化</p>
    </div>
    <div data-role="footer"
      data-position="fixed">
        <h4>© 2018 rttop.cn studio</h4>
    </div>
```

```
    </div>
  </body>
</html>
```

在 jQuery Mobile 框架的 CSS 文件 jquery.mobile-1.4.5.min.css 中,找到名为 ui-bar-a 的类别名称,将该类别中对应的 color 属性值修改为 blue,部分代码如下:

```
.ui-bar-a{
    background-color:#e9e9e9;
    border-color:#ddd;
    color:blue;
    text-shadow:0 1px 0 #eee;
    font-weight:700
……省略部分代码 }
```

3. 页面效果

该页面在 Opera Mobile Emulator 12.1 下执行的效果如图 5-2 所示。

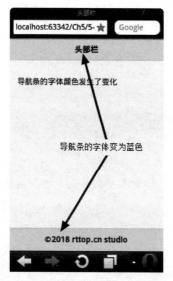

图 5-2 修改默认主题样式后的效果

4. 源码分析

在本实例中,被修改的系统主题类别名 ui-bar-a 有着特定结构,其中,字符"-a"代表该类别属于系统主题 a 级别,定义系统主题的类别结构都是一样的,仅是色调不同而已;另外,字符"-bar"表示该类别是用于控制 header 和 footer 容器显示的色调效果。

在 CSS 文件 jquery.mobile-1.4.5.min.css 的前 600 行,均是定义系统 5 种主题的色调和元素的一些通用属性,如按钮圆角、阴影等,如下代码所示。

```
.ui-btn-corner-tl{
    -moz-border-radius-topleft:1em;
```

```
    -webkit-border-top-left-radius:1em;
    border-top-left-radius:1em;
}
……省略部分代码
```

这些类别都是通用的,不依赖于任何指定的色调,各自独立地实现特定的效果,由于考虑各种浏览器对 CSS3 的兼容性不同,所以每种类别都要重复编写 3 行功能相同的代码,开发者可以根据需要,任意修改这些类别中实现效果的属性值。

5.1.3　自定义主题

5.1.2 节介绍了如何修改系统自带的主题,虽然实现的方法十分简单,但由于是对原 CSS 文件进行的修改,因此,每次当版本更新后,需要对新版本的文件重新覆盖修改后的代码,操作不是很方便,为此,可以通过重新编写一个单独的 CSS 文件,专门用于定义页面与组件的主题样式,该文件与系统文件同时并存,实现用户自定义主题的功能。

实例 5-3　自定义主题

1. 功能说明

新建一个 HTML 页面,先在页面中引用自定义的一个 CSS 主题文件 jquery. mobile-f. css,然后,在 page 容器中,将 data-theme 属性值设置为 f,表示使用自定义 CSS 文件中的主题,并在内容区域中添加一个 collapsible 容器,显示自定义主题 f 的页面效果。

2. 实现代码

在 WebStorm 开发工具中,新创建一个 HTML 页面 5-3. html,加入如代码清单 5-3-1 所示的代码。

代码清单 5-3-1　自定义主题

```html
<!DOCTYPE html>
<html>
<head>
    <title>jQuery Mobile 自定义主题</title>
    <meta name="viewport" content="width=device-width,
        initial-scale=1" />
    <link href="css/jquery.mobile-1.4.5.min.css"
        rel="stylesheet" type="text/css" />
    <link href="css/jquery.mobile-f.css"
        rel="stylesheet" type="text/css" />
    <script src="js/jquery-1.11.1.min.js"
        type="text/javascript"></script>
    <script src="js/jquery.mobile-1.4.5.min.js"
        type="text/javascript"></script>
</head>
<body>
    <div data-role="page" data-theme="f">
        <div data-role="header" data-theme="f"
            data-position="fixed">
            <h1>头部栏标题</h1>
```

```
      </div>
        <div data-role="main" class="ui-content ui-body-f">
          <p>一位优秀的Web端工程师,不仅要有过硬的技术,
            而且要有执着、沉稳的品质。</p>
        </div>
        <div data-role="footer" data-theme="f"
          data-position="fixed">
          <h4>© 2018 rttop.cn studio</h4>
        </div>
      </div>
</body>
</html>
```

自定义CSS文件jquery.mobile-f.css的代码,如代码清单5-3-2所示。

代码清单 5-3-2   自定义 CSS 文件

```
.ui-bar-f {
    color: green;
    background-color: yellowgreen;
}
.ui-body-f {
    font-weight: bold;
    color: #666;
    background-color: papayawhip;
}
.ui-page-theme-f {
    font-weight: bold;
    background-color: lightblue;
}
```

3. 页面效果

该页面在Opera Mobile Emulator 12.1下执行的效果如图5-3所示。

图 5-3   自定义主题样式的效果

4．源码分析

在本实例中，为了自定义页面的主题，需要重新定义 ui-bar-f、ui-body-f、ui-page-theme-f 三个类别，它们的基本结构都相同，本实例中自定义的主题只是修改字体的类型和背景的颜色，更复杂的效果可以针对具体的需求在样式中调整。

5.2　列表与表单元素的主题

在 jQuery Mobile 中，除可以修改系统主题或自定义页面主题外，还可以通过 data-theme 属性设置或变更列表与表单元素的主题，同时，还可以在页面的元素中实现主题的混搭效果，另外，还可以通过类别来设置按钮特有的激活样式的主题，接下来逐一进行详细的介绍。

5.2.1　列表主题

在 jQuery Mobile 的列表中，默认的列表和列表分隔选项主题都是 a，当然，也可以通过 data-theme 和 data-divider-theme 属性来分别修改列表框架和分隔选项的默认值主题，此外，列表中还允许添加用于显示计数器效果的图标，该元素可以通过 data-count-theme 属性来修改它在列表中显示的主题。

实例 5-4　列表主题

1．功能说明

新建一个 HTML 页面，先添加一个 listview 列表容器，再将列表的整体和分隔选项以及计数器图标的主题都设置为 b 类级别，最后，以主题混搭的形式显示列表容器。

2．实现代码

在 WebStorm 开发工具中，新创建一个 HTML 页面 5-4.html，加入如代码清单 5-4 所示的代码。

代码清单 5-4　列表主题

```
<!DOCTYPE html>
<html>
<head>
    <title>jQuery Mobile 列表主题</title>
    <meta name = "viewport" content = "width = device - width,
        initial - scale = 1" />
    <link href = "css/jquery.mobile - 1.4.5.min.css"
        rel = "stylesheet" type = "text/css" />
    <script src = "js/jquery - 1.11.1.min.js"
        type = "text/javascript"></script>
    <script src = "js/jquery.mobile - 1.4.5.min.js"
        type = "text/javascript"></script>
</head>
<body>
```

```
< div data - role = "page">
  < div data - role = "header"
      data - position = "fixed">
       < h1 >头部栏</h1 >
  </div >
  < ul data - role = "listview"
      data - theme = "b"
      data - divider - theme = "b"
      data - count - theme = "b">
    < li data - role = "list - divider">图书</li >
    < li >
        < a href = "♯">计算机
            < span class = "ui - li - count"> 100
            </ span >
        </ a >
    </ li >
    < li >
        < a href = "♯">社科
            < span class = "ui - li - count"> 101
            </ span >
        </ a >
    </ li >
    < li >
        < a href = "♯">文艺
            < span class = "ui - li - count"> 102
            </ span >
        </ a >
    </ li >
  </ ul >
  < div data - role = "footer"
      data - position = "fixed">
      < h4 >© 2018 rttop.cn studio </h4 >
  </ div >
 </ div >
</ body >
</ html >
```

3. 页面效果

该页面在 Opera Mobile Emulator 12.1 下执行的效果如图 5-4 所示。

4. 源码分析

在本实例中,虽然各组件、元素的主题都可以应用到列表中,但是有些标签的主题只有在 listview 元素的属性中才能设置,如 data-divider-theme、data-count-theme,因为这些元素具有整体性,不太适合单个设置。

另外,还可以通过 JavaScript 代码的方式,设置或修改列表中元素的主题,代码如下。

```
$.mobile.listview.prototype.options.dividerTheme = "a";
```

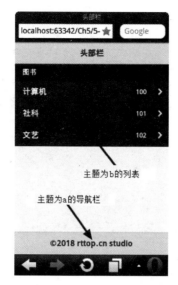

图 5-4　主题混搭的列表

上述代码可以将列表中分隔项的主题全部设置为字母 a 级别。

5.2.2　表单主题

在 jQuery Mobile 中,有丰富的主题系统运用至表单元素中,使开发者可以轻松定制属于自己的主题风格。通常情况下,表单容器会采用一个主题来定义表单中的所有元素,这样做的好处在于可以使用较少量的代码统一表单的样式风格,但也允许表单中单个元素通过修改 data-theme 主题属性,来自定义属于元素自身的主题。

实例 5-5　表单主题

1. 功能说明

新建一个 HTML 页面,在内容区域中分别添加一个 text、select 表单元素和一个 checkbox 复选按钮组,分别用于输入字符、滑动选择开关键和进行多项选择,并在页面中使用同一种主题来展示这些放置在表单中的元素。

2. 实现代码

在 WebStorm 开发工具中,新创建一个 HTML 页面 5-5. html,加入如代码清单 5-5 所示的代码。

代码清单 5-5　表单主题

```
<!DOCTYPE html>
<html>
<head>
    <title>jQuery Mobile 表单主题</title>
    <meta name = "viewport" content = "width = device - width,
        initial - scale = 1" />
    <link href = "css/jquery.mobile - 1.4.5.min.css"
```

```
                    rel = "stylesheet" type = "text/css" />
        < script src = "js/jquery - 1.11.1.min.js"
                        type = "text/javascript"></script>
        < script src = "js/jquery.mobile - 1.4.5.min.js"
                        type = "text/javascript"></script>
</head>
< body >
    < div data - role = "page">
        < div data - role = "header"
            data - position = "fixed"
            data - theme = "">
            < h1 >头部栏</h1 >
        </div >
        < div data - role = "main"
                class = "ui - content">
                < label for = "txta">文本输出框:</label>
                < input type = "text"
                        name = "txta"
                        id = "txta"
                        data - theme = "a"
                        value = ""/>
                < label for = "sela">滑动开关:</label>
                < select name = "sela"
                        id = "sela"
                        data - role = "slider"
                        data - theme = "a">
                        < option value = "off">关</option >
                        < option value = "on">开</option >
                </select >
                < fieldset data - role = "controlgroup"
                        data - type = "horizontal">
                        < legend >多项复选框:</legend >
                        < input type = "checkbox"
                                name = "chka"
                                id = "chka"
                                class = "custom"
                                data - theme = "a"/>
                        < label for = "chka"> b </label >
                        < input type = "checkbox"
                                name = "chkb"
                                id = "chkb"
                                class = "custom"
                                data - theme = "a"/>
                        < label for = "chkb">
                                < em > i </em >
                        </label >
                        < input type = "checkbox"
                                name = "chkc"
                                id = "chkc"
```

```
                          class = "custom"
                          data - theme = "a"/>
                     < label for = "chkc"> u </label>
             </fieldset>
      </div>
      < div data - role = "footer"
           data - position = "fixed"
           data - theme = "a">
           < h4 >© 2018 rttop.cn studio </h4 >
      </div>
    </div>
    </body>
    </html>
```

3. 页面效果

该页面在 Opera Mobile Emulator 12.1 下执行的效果如图 5-5 所示。

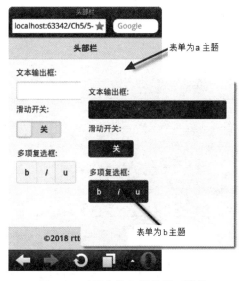

图 5-5　不同表单主题的页面效果

4. 源码分析

本实例中的各个表单元素都继承了 content 容器中所设置的 data-theme 主题风格，虽然如此，由于每一个表单元素都是一个独立的组件，在表单中，仍然可以使用组件中的 data-theme 属性单独设置主题，一旦设置完成，将采用"就近"的原则，忽略整体容器的主题，采用组件自身 data-theme 属性设置的主题风格。

5.2.3　按钮主题

在 jQuery Mobile 中，对于按钮而言，拥有丰富的主题风格与之匹配，由于按钮是通过将任意一个链接的 data-role 属性值设置为 button 值后形成的，因此，当该按钮被放置在任意主题的容器中后，按钮本身将自动继承容器的主题，形成与容器相匹配的样式。譬如，在一个主题为 a 的容器中添加一个按钮,该按钮的主题自动分配为 a 级别。

实例 5-6　按钮主题

1. 功能说明

新建一个 HTML 页面,并添加一个两列的网格容器,分别将按钮元素自带的两种系统主题风格显示在页面中。

2. 实现代码

在 WebStorm 开发工具中,新创建一个 HTML 页面 5-6. html,加入如代码清单 5-6 所示的代码。

代码清单 5-6　按钮主题

```
<! DOCTYPE html >
< html >
< head >
    < title > jQuery Mobile 按钮主题</title >
    < meta name = "viewport" content = "width = device - width,
        initial - scale = 1" />
    < link href = "css/jquery. mobile - 1.4.5. min. css"
        rel = "stylesheet" type = "text/css" />
    < script src = "js/jquery - 1.11.1. min. js"
        type = "text/javascript"></script >
    < script src = "js/jquery. mobile - 1.4.5. min. js"
        type = "text/javascript"></script >
</head >
< body >
< div data - role = "page">
    < div data - role = "header"
        data - position = "fixed">
        < h1 >头部栏</h1 >
    </div >
    < div class = "ui - grid - b">
        < div class = "ui - block - a">
            < a href = "#"
                data - role = "button"
                data - theme = "a"
                data - icon = "arrow - l"> a
            </a >
        </div >
        < div class = "ui - block - b">
            < a href = "#"
                data - role = "button"
                data - theme = "b"
                data - icon = "arrow - l"> b
            </a >
        </div >
        < div data - role = "footer"
            data - position = "fixed">
```

```
            < h4 >© 2018 rttop.cn studio </h4 >
        </div >
    </div >
</div >
</body >
</html >
```

3. 页面效果

该页面在 Opera Mobile Emulator 12.1 下执行的效果如图 5-6 所示。

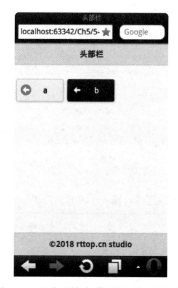

图 5-6　两种系统自带的按钮主题效果

4. 源码分析

在本实例中,通过使用按钮元素的 data-theme 属性来设置按钮本身的主题,除此之外,还可以借助放置按钮中容器的主题,自动匹配按钮的主题风格,代码如下所示。

```
< div class = "ui − body ui − body − a">
  < a href = "#" data − role = "button">单击我</a>
</div >
```

上述代码中,按钮本身并没有设置主题,而是通过自动匹配外围<div>元素的主题 a,因此,在页面中显示时,按钮显示的是主题 a,当按钮外围<div>元素的主题发生变化时,被包裹的按钮主题也将随之变化。

5.2.4　激活状态主题

在 jQuery Mobile 中,有一种单独的主题,称为激活状态主题,该主题通过在元素属性中添加一个名称为 ui-btn-active 的类别来实现,该主题不受任何其他框架或组件主题的影响,始终将蓝色作为该主题的显示色调。

实例 5-7　激活状态主题

1. 功能说明

新建一个 HTML 页面,在内容区域中增加两个按钮,一个显示与内容区域相匹配的主题,另一个设置为激活状态的主题。

2. 实现代码

在 WebStorm 开发工具中,新创建一个 HTML 页面 5-7.html,加入如代码清单 5-7 所示的代码。

代码清单 5-7　激活状态主题

```html
<!DOCTYPE html>
<html>
<head>
    <title>jQuery Mobile 激活状态主题</title>
    <meta name="viewport" content="width=device-width,
        initial-scale=1" />
    <link href="css/jquery.mobile-1.4.5.min.css"
        rel="stylesheet" type="text/css" />
    <script src="js/jquery-1.11.1.min.js"
        type="text/javascript"></script>
    <script src="js/jquery.mobile-1.4.5.min.js"
        type="text/javascript"></script>
</head>
<body>
  <div data-role="page">
    <div data-role="header"
        data-position="fixed">
        <h1>头部栏</h1>
    </div>
    <div data-role="main"
        class="ui-content"
        data-theme="a">
      <a href="#"
        data-role="button"
        data-icon="arrow-l">默认状态
      </a>
      <a href="#"
        data-role="button"
        data-icon="arrow-l"
        class="ui-btn-active">选中状态
      </a>
    </div>
    <div data-role="footer"
        data-position="fixed">
      <h4>© 2018 rttop.cn studio</h4>
    </div>
  </div>
</body>
</html>
```

3. 页面效果

该页面在 Opera Mobile Emulator 12.1 下执行的效果如图 5-7 所示。

图 5-7　激活状态主题的效果

4. 源码分析

在本实例中,通过给按钮添加一个名为 ui-btn-active 类别属性,将该按钮的主题设置为激活状态,该主题的风格是固定的。对于按钮而言,是蓝色的背景,白色的字体,并且不受按钮本身自带主题的约束,即使在按钮元素中增加了 data-theme 属性值,也优先显示激活状态主题。

5.3　工具栏与页面、内容的主题

通常情况下,在 jQuery Mobile 中页面的工具栏默认为主题 a 类级别,这种主题的作用,一方面为了突显工具栏在页面中的视觉效果,另一方面也使页面首尾两端与内容区域之间存在一定的色差,用来区分页面中显示的重点。

5.3.1　工具栏主题

在 jQuery Mobile 中,工具栏所包含的头部栏与尾部栏默认的主题是 a 级别,因此,在两者中增加的按钮将自动匹配成 a 级别的主题,当然,也可以直接修改按钮中的 data-theme 属性值,单独设置按钮的主题风格,下面通过一个详细的实例来进行介绍。

实例 5-8　工具栏主题

1. 功能说明

新建一个 HTML 页面,分别增加两个头部栏和尾部栏,在第一个头部栏中放置两个默认主题的按钮,第二个头部栏中添加一个 b 类主题的按钮。同时,在两个尾部栏中也分别增加默认主题和 b 类主题的按钮,将最终的效果显示在页面中。

2. 实现代码

在 WebStorm 开发工具中,新创建一个 HTML 页面 5-8. html,加入如代码清单 5-8 所示的代码。

代码清单 5-8　工具栏主题

```html
<!DOCTYPE html>
<html>
<head>
    <title>jQuery Mobile 工具栏主题</title>
    <meta name="viewport" content="width=device-width,
        initial-scale=1" />
    <link href="css/jquery.mobile-1.4.5.min.css"
        rel="stylesheet" type="text/css" />
    <script src="js/jquery-1.11.1.min.js"
        type="text/javascript"></script>
    <script src="js/jquery.mobile-1.4.5.min.js"
        type="text/javascript"></script>
</head>
<body>
  <div data-role="page">
    <div data-role="header"
        data-position="inline">
      <a href="#"
        data-icon="delete"
        iconpos="notext">取消
      </a>
      <h1>头部栏 A</h1>
      <a href="#"
        data-icon="arrow-r"
        data-iconpos="right">保存
      </a>
    </div>
    <div data-role="header"
        data-theme="b">
      <h1>头部栏 B</h1>
      <a href="#"
        data-icon="plus"
        data-theme="b">新建</a>
    </div>
    <div data-role="content">
        <p>这是正文部分</p>
    </div>
    <div data-role="footer">
      <a href="#"
        data-role="button"
        data-icon="arrow-l">前进
```

```
    </a>
    < a href = " # "
        data - role = "button"
        data - icon = "arrow - r">后退
    </a>
    </div>
    < div data - role = "footer"
        data - theme = "b">
    < a href = " # "
        data - role = "button"
        data - icon = "arrow - 1"
        data - theme = "b">前进
    </a>
    < a href = " # "
        data - role = "button"
        data - icon = "arrow - r"
        data - theme = "b">后退
    </a>
    </div>
  </div>
</body>
</html>
```

3. 页面效果

该页面在 Opera Mobile Emulator 12.1 下执行的效果如图 5-8 所示。

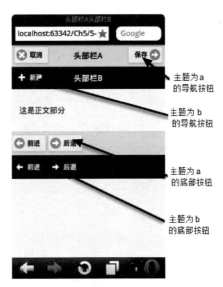

图 5-8　工具栏主题混搭的效果

4. 源码分析

从本实例中可以看出，工具栏本身拥有默认的主题，开发人员也可以自定义它的主题。在工具栏中添加的按钮或文本，都继承了工具栏的主题风格，这样可以使整个工具栏的主题具有完整性和统一性。当然开发人员也可以抛开工具栏中既有的主题,通过 data-theme 属性,自定义在工具栏中各元素的主题。

5.3.2 页面主题

jQuery Mobile 内建丰富的主题系统,使开发人员在定义页面主题时拥有更多的选择。在设置页面主题时,应该选择修改页面 page 容器的 data-theme 属性值,这样的话,可以确保所选择的主题能够覆盖整体页面的< div >或容器,但头部栏与尾部栏的主题依然是默认值 a 级别,这种多色板混合的主题风格,可以使页面形成一个各元素的最佳对比度,创造视觉上的质感。

实例 5-9　页面主题

1. 功能说明

新建一个 HTML 页面,先将页面中 page 容器的主题设为默认级别,然后,再使用 data-theme 属性将页面设置为 b 类主题,分别查看元素继承容器主题后的效果。

2. 实现代码

在 WebStorm 开发工具中,新创建一个 HTML 页面 5-9. html,加入如代码清单 5-9 所示的代码。

代码清单 5-9　页面主题

```html
<!DOCTYPE html>
<html>
<head>
    <title>jQuery Mobile 页面主题</title>
    <meta name="viewport" content="width=device-width,
        initial-scale=1" />
    <link href="css/jquery.mobile-1.4.5.min.css"
        rel="stylesheet" type="text/css" />
    <script src="js/jquery-1.11.1.min.js"
        type="text/javascript"></script>
    <script src="js/jquery.mobile-1.4.5.min.js"
        type="text/javascript"></script>
</head>
<body>
  <div data-role="page" data-theme="b">
    <div data-role="header"
        data-position="fixed">
      <h1>头部栏</h1>
    </div>
    <div data-role="main"
        class="ui-content">
        <h3>jQuery Mobile 主题架构</h3>
        <p>它提供了页面、工具栏、内容、表单主题、列表、按钮等多方面的主题定制功能<a href="#" class="ui-link">详细</a>。</p>
        <a href="#"
```

```
                    data - role = "button"
                    data - inline = "true">进入
            </a>
        </div>
        < div data - role = "footer"
            data - position = "fixed">
            < h4 >© 2018 rttop.cn studio </h4 >
        </div >
    </div >
</body >
</html >
```

3. 页面效果

该页面在 Opera Mobile Emulator 12.1 下执行的效果如图 5-9 所示。

图 5-9　不同页面主题呈现的效果

4. 源码分析

在本实例中,页面容器分别使用了 a、b 两种主题,通过呈现的实例示意图不难看出,容器内的全部元素都继承了页面的主题,展现出与主题风格相匹配的色调样式。

5.3.3　内容主题

与 5.3.2 节介绍的页面主题相比,内容主题所影响的范围小一些,内容主题所划对的范围仅局限在页面的 content 容器中,该容器之外的元素,背景色将停止匹配,正因为如此,将会出现内容区域中的色调与尾部栏之后色调不一致的现象。

此外,在内容区域 content 容器中,还可以通过 data-content-theme 属性设置内容折叠块中显示区域的主题,而这一主题是独立的,自定义的,不受限于内容区域 content 容器的主题。

实例 5-10　内容主题

1. 功能说明

新建一个 HTML 页面,并在内容区域 content 容器中分别添加两个内容折叠区块,并各自设置显示区域的主题,浏览页面,查看内容折叠区域中各自展示的主题效果。

2. 实现代码

在 WebStorm 开发工具中,新创建一个 HTML 页面 5-10. html,加入如代码清单 5-10 所示的代码。

代码清单 5-10　内容主题

```html
<!DOCTYPE html>
<html>
<head>
    <title>jQuery Mobile 内容主题</title>
    <meta name="viewport" content="width=device-width,
        initial-scale=1" />
    <link href="css/jquery.mobile-1.4.5.min.css"
        rel="stylesheet" type="text/css" />
    <script src="js/jquery-1.11.1.min.js"
        type="text/javascript"></script>
    <script src="js/jquery.mobile-1.4.5.min.js"
        type="text/javascript"></script>
</head>
<body>
  <div data-role="page">
    <div data-role="header"
        data-position="fixed">
        <h1>头部栏</h1>
    </div>
    <div data-role="main"
        class="ui-content">
        <div data-role="collapsible">
        <h3>今天天气</h3>
            <p>晴,气温
            <code>18～4℃</code> 西风
            <em>3-4</em> 级
        </p>
        </div>
        <div data-role="collapsible"
            data-content-theme="b">
            <h3>明天天气</h3>
            <p>晴,气温
            <code>17～6℃</code> 西风
            <em>4-5</em> 级
        </p>
    </div>
    </div>
    <div data-role="footer"
```

```
            data - position = "fixed">
        < h4 >© 2018 rttop.cn studio </h4 >
      </div >
    </div >
  </body >
</html >
```

3. 页面效果

该页面在 Opera Mobile Emulator 12.1 下执行的效果如图 5-10 所示。

图 5-10　折叠块中内容区域不同主题呈现的效果

4. 源码分析

在本实例中,整个 page 页面容器使用的是默认主题 a 类级别,而 content 内容容器使用的是主题 b 类级别,因此,在底部栏之后的区域与页面内容显示区域之间存在色调不一致的效果,如图 5-10 所示。

此外,在 collapsible 内容折叠块容器中,可以通过设置 data-theme 和 data-content-theme 属性的值,修改内容折叠块的主题,前者针对的是折叠块标题部分,后者针对的是折叠块的内容显示区域部分,如果两者都不设置,将自动继承 content 内容容器所使用或默认的主题级别。

5.4　本章小结

主题是一个 Web 站点或应用的皮肤,是最直接面对用户的界面,关系到用户的最终体验,其重要性不言而喻。本章先从 jQuery Mobile 中提供的默认主题讲起,逐步深入地介绍了自定义主题和修改默认主题的方法,然后,使用大量精选的实例,详细介绍了在 jQuery Mobile 中各种重要元素或组件在应用主题上的方法与技巧,通过本章的学习,能够使读者全面了解并掌握 jQuery Mobile 中主题的概念与基本用法。

第⟨6⟩章

jQuery Mobile插件

本章学习目标
- 熟悉各类 jQuery Mobile 插件的使用流程；
- 掌握 autoComplete 搜索插件的使用方法；
- 了解 databox 插件和 simpledialog 插件的运用场景。

6.1 photoswipe 图片滑动浏览插件

　　photoswipe 插件的功能是基于移动设备浏览器中，使用 JavaScript、css、HTML 代码，以左右滑动的效果浏览每张图片。例如，在一个相册中，存有 10 张照片，如果使用该插件，可以使用户在浏览某一张照片时，通过手指的左右滑动操作，浏览当前照片的上一张和下一张。

　　另外，在浏览某一张图片时，还可以通过单击底部栏中的 ▶ 图标链接，实现相册集中全部照片自动播放浏览的功能，接下来通过一个完整的实例来介绍该插件在移动项目中的使用方法。

6.1.1 资源文件

在开始使用该插件的功能之前，先将如下资源文件放置到所在页面的< head >元素中。

1）插件文件

js/js6.1/klass.min.js

js/js6.1/photoswipe.js

css/css6.1/photoswipe.css

2）下载地址

http://www.photoswipe.com/latest/examples/04-jquery-mobile.html

6.1.2 运用实例

photoswipe 插件是一个标准的 JavaScript 代码库,因此,它很容易被集成到移动网站项目中。目前,它兼容多个流行的移动设备浏览器和 JavaScript 代码库,常用于图片集的单张浏览。

实例 6-1 photoswipe 图片滑动浏览插件

1. 功能说明

新建一个 HTML 页面,分别添加两个 page 容器,第一个容器放置相册集中的各个专题,当单击"图书作品集"专题后,进入第二个容器,展示该专题下的全部图片,当单击某张图片后,便切换到该图片全屏浏览界面,在该界面中,通过左右滑动可以查看上一张或下一张图片。

2. 实现代码

在 WebStorm 开发工具中,新创建一个 HTML 页面 6-1. html,加入如代码清单 6-1 所示的代码。

代码清单 6-1 photoswipe 图片滑动浏览插件

```
<!DOCTYPE html>
<html>
<head>
    <title>photoswipe 插件应用程序</title>
    <meta name="viewport" content="width=device-width,
        initial-scale=1.0, maximum-scale=1.0" />
    <link href="css/css6.1/photoswipe.css"
        rel="Stylesheet" type="text/css" />
    <script src="js/js6.1/klass.min.js"
        type="text/javascript"></script>
    <link href="css/jquery.mobile-1.4.5.min.css"
        rel="stylesheet" type="text/css" />
    <script src="js/jquery-1.11.1.min.js"
        type="text/javascript"></script>
    <script src="js/jquery.mobile-1.4.5.min.js"
        type="text/javascript"></script>
    <script src="js/js6.1/photoswipe.js"
        type="text/javascript"></script>
    <script type="text/javascript">
        $(function() {
            $(document).on("pageshow", "#bookpic",
                function(e) {
                //实例化滑动图片对象
                var currentPage = $(e.target),
                    options = {},
                    pi = $("ul.gallery a", e.target)
                    .photoSwipe(options,
```

```
                        currentPage.attr("id"));
                    return true;
                    })
            })
    </script>
</head>
<body>
    <div data-role="page">
        <div data-role="header"
            data-position="fixed">
            <h1>相册集</h1>
        </div>
        <div data-role="main"
            class="ui-content">
            <ul data-role="listview"
                data-inset="true">
                <li data-role="list-divider">
                    请选择所属专题
                </li>
                <li>
                    <a href="#bookpic">图书作品集</a>
                </li>
                <li>
                    <a href="#">个人生活集</a>
                </li>
            </ul>
        </div>
        <div data-role="footer"
            data-position="fixed">
            <h4>© 2018 rttop.cn studio</h4>
        </div>
    </div>
    <div data-role="page"
        id="bookpic">
        <div data-role="header"
            data-add-back-btn="true"
            data-position="fixed">
            <h1>图书作品</h1>
        </div>
        <div data-role="main"
            class="ui-content">
            <ul class="gallery">
                <li>
                    <a href="images/img6.1/pic08.jpg"
                        rel="external">
                        <img src="images/img6.1/pic08.jpg"
                            alt="2008年图书作品" title=""/>
                    </a>
                </li>
                <li>
                    <a href="images/img6.1/pic09.jpg"
                        rel="external">
```

```
                        < img src = "images/img6.1/pic09.jpg"
                            alt = "2009 年图书作品" title = ""/>
                    </a>
                </li>
                < li >
                    < a href = "images/img6.1/pic10.jpg"
                      rel = "external">
                        < img src = "images/img6.1/pic10.jpg"
                            alt = "2010 年图书作品" title = ""/>
                    </a>
                </li>
                < li >
                    < a href = "images/img6.1/pic11.jpg"
                      rel = "external">
                        < img src = "images/img6.1/pic11.jpg"
                            alt = "2011 年图书作品" title = ""/>
                    </a>
                </li>
            </ul>
        </div>
        < div data - role = "footer"
            data - position = "fixed">
            < h4 >© 2018 rttop. cn studio </h4 >
        </div >
    </div >
</body >
</html >
```

3. 页面效果

该页面在 Opera Mobile Emulator 12.1 下执行的效果如图 6-1 所示。

图 6-1　使用 photoswipe 插件滑动浏览图片的效果

4. 源码分析

在本实例中,用户在"相册集"页面中,单击"图书作品集"的专题链接,切换到"图书作品"页面,在该页面中,任意单击浏览某一张图片,页面将触发绑定的 pageshow 事件,在该事件中,先将获取当前页保存在变量 currentPage 中,然后,设置插件 options 值的内容,最后,通过调用插件的 photoswipe 方法,实例化图片的浏览页面,使该页面具有滑动浏览图片的特征。

在使用 photoswipe 插件时,需要配置一个 options 参数值,该值是一个对象,它所包括的重要属性和说明如表 6-1 所示。

表 6-1　options 参数的重要属性及说明

属　　性	说　　明	默认值
allowUserZoom	是否允许用户使用放大镜效果查看图片	true
autoStartSlideshow	是否在浏览图片时自动开启幻灯片模式	false
backButtonHideEnabled	当用户单击"后退"按钮时,是否隐藏界面	true
captionAndToolbarAutoHideDelay	设置自动隐藏标题与工具栏的等待时间	5000ms
captionAndToolbarHide	是否隐藏标题与工具栏	false
captionAndToolbarOpacity	标题与工具栏的透明度	0.8
enableDrag	是否开启拖动的方式浏览上一个或下一个图片	true
fadeInSpeed	浏览图片元素时,淡入的速度	250
fadeOutSpeed	浏览图片元素时,淡出的速度	250
slideshowDelay	使用幻灯片模式浏览图片时各图片的间隔时间	3000ms

6.2　mobiscroll 滚动选择时间插件

众所周知,在页面中输入日期或时间是一件很麻烦的事,因为考虑到日期或时间的特殊性,往往需要对输入的格式与内容进行有效性验证,而在移动终端的浏览器中,这样的验证还将更为复杂,为了解决这一问题,可以引用一款专门针对移动项目开发的滚动选择时间插件——mobiscroll。

mobiscroll 滚动选择时间插件默认风格是以触摸屏的方式,通过滚轮选择日期或时间的值。当然,也可以自定义选择日期或时间的风格,如 Android、Sense UI 和 iOS。该插件是专门针对移动触摸设备设计的 UI 效果,因此,广泛应用于移动项目中,深受开发人员喜爱。

6.2.1　资源文件

在开始使用该插件的功能之前,请先将如下资源文件放置到所在页面的< head >元素中。

1) 插件文件

js/js6.2/mobiscroll-1.6.js
css/css6.2/mobiscroll-1.6.css

2）下载地址

http://code.google.com/p/mobiscroll/

6.2.2　运用实例

mobiscroll 滚动选择时间插件的使用方法也很简单，只需要经过下面几个步骤，就可以实现当单击绑定的文本框时，弹出选择日期或时间的窗口。

（1）在页面中添加一个 id 号为 date1 的文本框元素，并将它的 readonly 属性设置为 true，表示该文本框是只读类型的。

（2）通过编写 JavaScript 代码，绑定文本框和插件，可选择的方法有如下三种。

① 调用插件的默认设置绑定指定的文本框，代码如下。

```
$("#date1").scroller();
```

② 调用插件时间型的设置绑定指定的文本框，代码如下。

```
$("#date1").scroller({ preset: 'time' });
```

③ 调用插件日期与时间型的设置绑定指定的文本框，代码如下。

```
$('#date1').scroller({ preset: 'datetime' });
```

实例 6-2　mobiscroll 滚动选择时间插件

1. 功能说明

新建一个 HTML 页面，在正文区添加一个表单元素，并在表单中增加两个 readonly 属性值为 true 的文本框，第一个用于绑定 mobiscroll 插件的默认设置，第二个用于绑定 mobiscroll 插件的时间型设置，当单击这两个文本框时，将分别弹出不同的选择日期和时间的窗口。

2. 实现代码

在 WebStorm 开发工具中，新创建一个 HTML 页面 6-2.html，加入如代码清单 6-2 所示的代码。

代码清单 6-2　mobiscroll 滚动选择时间插件

```
<!DOCTYPE html>
<html>
<head>
    <title>mobiscroll 插件应用程序</title>
    <meta name="viewport" content="width=device-width,
        initial-scale=1.0, maximum-scale=1.0" />
    <link href="css/css6.2/mobiscroll-1.6.css"
        rel="Stylesheet" type="text/css" />
    <link href="css/jquery.mobile-1.4.5.min.css"
        rel="Stylesheet" type="text/css" />
```

```
< script src = "js/jquery - 1.11.1.min.js"
        type = "text/javascript"></script>
< script src = "js/jquery.mobile - 1.4.5.min.js"
        type = "text/javascript"></script>
< script src = "js/js6.2/mobiscroll - 1.6.js"
        type = "text/javascript"></script>
< script type = "text/javascript">
    $ (function() {
        $ ("#date1").scroller({});
        $ ("#date2").scroller({preset: "time"});
    })
</script>
</head>
< body >
< div data - role = "page">
    < div data - role = "header"
        data - position = "fixed">
        < h1 >选择时间</h1>
    </div>
    < div data - role = "content"
        data - theme = "e">
        < form id = "testform">
        日期: < input type = "text" name = "date1"
                    id = "date1" readonly = "true"/>
        时间: < input type = "text" name = "date2"
                    id = "date2" readonly = "true"/>
        </form>
    </div>
    < div data - role = "footer"
        data - position = "fixed">
        < h4 >© 2018 rttop.cn studio </h4>
    </div>
</div>
</body>
</html>
```

3. 页面效果

该页面在 Opera Mobile Emulator 12.1 下执行的效果如图 6-2 所示。

4. 源码分析

在本实例中,id 号为 date1 的文本框绑定了插件的默认设置类型,如果将该文本框绑定 mobiscroll 插件的日期时间类型,需要将对应的 JavaScript 代码修改成如下代码。

```
$ ("#date1").scroller({ preset: "datetime" });
```

此时,如果单击 id 号为 date1 的文本框,将会弹出一个选择日期和时间组合在一起的窗口,用户在该窗口中既可以选择日期,也能选取不同的时间,单击"确定"按钮后,绑定的文本框中将显示所选择的日期与时间组合的值。

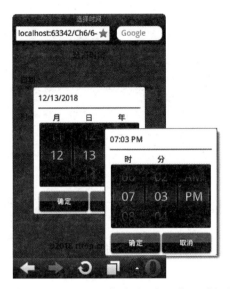

图 6-2　使用 mobiscroll 插件滚动选择日期和时间的效果

需要说明的是,下载后的 mobiscroll 插件,是以英文的形式显示"年""月""日""时""分""秒""确定""取消"等字符,如果需要修改成中文,打开插件文件 mobiscroll-1.6.js,找到 defaults 对象,进行如下的代码修改即可。

```
……省略部分代码
monthText: '月',
dayText: '日',
yearText: '年',
hourText: '时',
minuteText: '分',
secText: '秒',
ampmText: ' ',
setText: '确定',
cancelText: '取消',
……省略部分代码
```

与普通的插件相同,mobiscroll 插件在调用 scroller()方法时,括号中是一个 options 对象,该对象可以设置多个属性或事件,其中几个重要的属性如表 6-2 所示。

表 6-2　mobiscroll 插件中 options 对象的重要属性和说明

属　　性	说　　明	默　认　值
height	滚轮中各个单元格的高度,单位是像素	40
width	滚轮中各个单元格的最小宽度,单位是像素	80
rows	滚轮中供选择的可见行数	3
showValue	显示或隐藏头部标签的文字	true
showLabel	显示或隐藏滚轮上面标签的文字	true
theme	滚轮的主题,可以设置为 android、sense-ui、ios	空值
mode	选择日期与时间的模式,可选值为 scroller、clickpick	scroller
preset	预设类型,可选值为 date、time、datetime	date

在 mobiscroll 插件中,除调用 scroller()方法绑定相应的文本框外,还有以下几个常用的方式。

```
$("#date1").scroller('destroy')
```

上述方法将删除使用滚轮选择日期或时间的功能。

```
$("#date1").scroller('disable')
```

上述方法将禁用滚轮选择日期或时间的功能。

```
$("#date1").scroller('enable')
```

上述方法将启用滚轮选择日期或时间的功能。

```
$("#date1").scroller('getValue')
```

上述方法将获取一个数组,该数据保存了滚轮选择日期或时间的值。
除此而外,mobiscroll 插件还可以在指定的事件中,触发自定义的函数,常用事件如下。

```
onClose: function(valueText, inst) { }
```

上述事件在关闭滚轮选择窗口时触发,被调函数接收选定文本和滚动实例作为参数值。如果返回 true,表示关闭成功,否则,关闭失败。

```
onSelect: function(valueText, inst) { }
```

上述事件在开始通过滚轮的方式选择日期或时间时触发,被调函数接收选定时间值和滚动实例作为参数值。

```
onCancel: function(valueText, inst) { }
```

上述事件在取消滚轮选择窗口时触发,被调函数接收选定时间值和滚动实例作为参数值。

6.3 autoComplete 搜索插件

与 jQuery 中的 autoComplete 插件相类似,在 jQuery Mobile 中,autoComplete 搜索插件的功能是在搜索文本框中输入任意关键字符时,将自动完成与关键字相似或相近字符集的匹配,即实现搜索关键字的联想功能。

匹配后的字符集可以是本地的数组或 JSON 格式的数据,也支持通过远程 URL 访问的方式返回一个数组或 JSON 格式的数据。

匹配后的字符集以列表的形式显示在搜索文本框中的底部,当单击选项中某一个字符集时,将自动按设定的跳转链接地址,进入指定的页面中。

6.3.1　资源文件

在开始使用该插件的功能之前,先将如下资源文件放置到所在页面的<head>元素中。

1）插件文件

js/js6.3/jqm.autoComplete-1.3.js

2）下载地址

http://www.andymatthews.net/code/autocomplete/

6.3.2　运用实例

在 jQuery Mobile 的移动项目中,使用 autoComplete 插件的方法也非常简单,操作步骤如下。

（1）在页面中添加一个 type 属性值为 search 类型的搜索文本框元素,用于绑定导入的 autoComplete 插件;另外,再增加一个 listview 容器,用于显示匹配后返回的字符集数据。

（2）编写 JavaScript 代码,绑定页面的 pageshow 事件,在该事件中,通过搜索文本框调用 autoComplete 插件的 autocomplete 方法,将匹配后返回的字符集数据与 listview 容器相绑定。

实例 6-3　autoComplete 搜索插件

1. 功能说明

新建一个 HTML 页面,在页面中分别添加一个 id 号为 txtSearch 的搜索文本框和一个 id 号为 ulSearchStr 的列表容器,当用户在文本框中输入搜索关键字时,通过调用 autoComplete 搜索插件,自动在文本框的底部,以列表的形式显示匹配后返回的字符集数据。

2. 实现代码

在 WebStorm 开发工具中,新创建一个 HTML 页面 6-3.html,加入如代码清单 6-3 所示的代码。

代码清单 6-3　autoComplete 搜索插件

```html
<!DOCTYPE html>
<html>
<head>
    <title>autoComplete 插件应用程序</title>
    <meta name="viewport" content="width=device-width,
        initial-scale=1.0, maximum-scale=1.0" />
    <link href="css/jquery.mobile-1.4.5.min.css"
        rel="Stylesheet" type="text/css" />
    <script src="js/jquery-1.11.1.min.js"
        type="text/javascript"></script>
    <script src="js/jquery.mobile-1.4.5.min.js"
        type="text/javascript"></script>
    <script src="js/js6.3/jqm.autoComplete-1.3.js"
```

```
                    type = "text/javascript"></script>
</head>
<body>
<div data-role = "page" id = "mainPage">
    <div data-role = "header"
        data-position = "fixed">
        <h1>搜索联想</h1>
    </div>
    <div data-role = "main"
        class = "ui-content">
        <input type = "search"
            id = "txtSearch"
            placeholder = "请输入搜索关键字">
        <ul id = "ulSearchStr"
            data-role = "listview"
            data-inset = "true">
        </ul>
    </div>
    <div data-role = "footer"
        data-position = "fixed">
        <h4>© 2018 rttop.cn studio</h4>
    </div>
</div>
</body>
<script type = "text/javascript">
    $("#mainPage").bind("pageshow", function(e) {
        var arrUserName = ["张三", "王小五", "张才子",
            "李四", "张大三", "李大四", "王五", "刘明",
            "李小四", "刘促明", "李渊", "张小三", "王小明"];
        $("#txtSearch").autocomplete({
            target: $('#ulSearchStr'),
            source: arrUserName,
            link: 'clickUrl.html?s = ',
            minLength: 0
        })
    })
</script>
</html>
```

3. 页面效果

该页面在 Opera Mobile Emulator 12.1 下执行的效果如图 6-3 所示。

4. 源码分析

在本实例中,id 号为 txtSearch 的搜索文本框通过调用 autoComplete 插件的 autocomplete()方法,对文本框中输入的字符进行自动匹配,实现搜索自动联想功能。

jQuery Mobile 与 jQuery 中的 autoComplete 插件功能类似,只是前者调用 autocomplete() 方法时,括号中 options 对象所包含的属性名称不同,该插件调用的标准方式如下。

图 6-3 使用 autoComplete 插件实现搜索时联想功能的效果

```
$("#搜索文本框 id").autocomplete({
    target: $(),
    source: null,
    callback: null,
    link: null,
    minLength: 0,
    transition: 'fade '
})
```

在上述标准调用方式中,autocomplete()方法括号中的 options 对象所包含的属性和详细说明如表 6-3 所示。

表 6-3　autoComplete 插件中 options 对象的属性和说明

属　性	说　明	默认值
target	设置显示返回数据容器的 id 号,默认为 listview 类型列表容器	$()
source	匹配后返回的字符集数据,该数据可以是一个本地数组或远程 URL	null
callback	设置单击列表容器中某一项返回字符集时,回调的函数	null
link	设置单击列表容器中某一项返回字符集时,对应的链接地址	null
minLength	设置搜索文本框中允许最小输入的字符长度	0
transition	设置单击链接地址时页面跳转的方式	fade

在设置 source 属性值时,允许使用本地的数组或 JSON 格式的数据,在本实例中使用的是本地数组,也可以修改为 JSON 格式的数据,实现代码如下。

```
……省略部分代码
var arrUserName = $.parseJSON('[
    {"value":"张三","text":"张三"},
```

```
        {"value":"王小五","text":"王小五"}]
');
……省略部分代码
```

此为,source 属性值也可以是一个远程访问的 URL 地址,当然该地址必须返回一个数组或 JSON 格式的数据,并且该地址不允许跨域访问。

另外,当用户单击列表容器中某一项匹配的搜索数据时,将触发 callback 属性值所设置的回调函数,在该函数中,可以通过返回的 e 对象,获取搜索字符的内容,实现代码如下。

```
……省略部分代码
callback: function(e) {
    var $obj = $(e.currentTarget);
    $('#txtSearch').val($obj.text());
    $("#txtSearch").autocomplete('clear');
},
……省略部分代码
```

在上述代码中,先通过 $obj 变量保存当前搜索字符自动匹配后的数据对象,然后,通过对象的 text()属性,将用户单击时对应的字符内容赋予搜索文本框,最后,调用插件的 clear 方法,清空文本框中原有的字符内容。

6.4　databox 日期对话框插件

databox 日期对话框插件与 6.3 节介绍的 mobiscroll 滚动选择时间插件,虽然同属于专门用于 jQuery Mobile 移动项目的插件,但两者却有本质上的区别,前者是通过滚动齿轮的方式选择某一个年月日和时分秒日期数据,而后者简单直观地展示一个日期与时间的对话框,用户直接单击其中的某个按钮,便完成了日期选择的操作,相比之下,后者更易操作,可扩展性也很强。

6.4.1　资源文件

在开始使用该插件的功能之前,先将如下资源文件放置到所在页面的< head >元素中。
1) 插件文件
css/css6.5/jquery. mobile. datebox. css
js/js6.5/jquery. mobile. datebox. js
2) 下载地址
http://dev. jtsage. com/jQM-DateBox/

6.4.2　运用实例

与其他用于 jQuery Mobile 移动项目中的日期型插件相比较,datebox 日期对话框插件在使用时,拥有以下几个显著的特点。

(1) 允许使用多种模式输入数据,如 Android、Calendar、Slide、Flip Wheel、time 模式,

模式不同,弹出的日期对话框的风格也不同。

(2) 可以设置 4 种不同的显示日期显示模式。

(3) 使用时的数据完全本地化。

(4) 允许对输入日期数据的限制,例如设置最大或最小年份、设置某一日期作为黑名单中的日期、设置特定的某一天等操作。

(5) 自动解析手动输入或预先输入的日期。

(6) 使用 data-role="datebox"绑定页面中的文本框元素,通过 data-options 属性设置数据的各选项配置。

实例 6-4　datebox 日期对话框插件

1. 功能说明

新建一个 HTML 页面,添加一个 readonly 属性值为 true 的文本框元素,并将该元素的 data-role 属性值设置为 datebox,data-options 属性值设置为"'{"mode": "calbox"}'",浏览该页面时,将在文本框的最右侧出现一个圆形小按钮,单击该按钮时,将弹出日期选择对话框。

2. 实现代码

在 WebStorm 开发工具中,新创建一个 HTML 页面 6-4. html,加入如代码清单 6-4 所示的代码。

代码清单 6-4　datebox 日期对话框插件

```html
<!DOCTYPE html>
<html>
<head>
    <title>datebox 插件应用程序</title>
    <meta name="viewport" content="width=device-width,
        initial-scale=1.0, maximum-scale=1.0" />
    <link href="css/jquery.mobile-1.4.5.min.css"
        rel="Stylesheet" type="text/css" />
    <link href="css/css6.4/jqm-datebox.min.css"
        rel="Stylesheet" type="text/css" />
    <script src="js/jquery-1.11.1.min.js"
        type="text/javascript"></script>
    <script src="js/jquery.mobile-1.4.5.min.js"
        type="text/javascript"></script>
    <script src="js/js6.4/jqm-datebox.comp.calbox.js"
        type="text/javascript"></script>
</head>
<body>
    <div data-role="page">
        <div data-role="header"
            data-position="fixed">
            <h1>日期插件</h1>
        </div>
        <div data-role="main"
```

```
                    class = "ui - content">
            选择日期:
                < div style = "">
                    < input name = "mydate"
                        id = "mydate" type = "date"
                        data - role = "datebox"
                        data - options = '{"mode": "calbox"}'>
                </div >
        </div >
        < div data - role = "footer"
            data - position = "fixed">
            < h4 >© 2018 rttop.cn studio </h4 >
        </div >
    </div >
</body >
</html >
```

3. 页面效果

该页面在 Opera Mobile Emulator 12.0 下执行的效果如图 6-4 所示。

图 6-4　使用 datebox 日期对话框插件选择日期的效果

4. 源码分析

在本实例中,通过将文本框元素的 data-role 属性值设置为 datebox,使该文本框与 datebox 日期插件相绑定,绑定后的文本框将会在最右侧出现一个圆形小按钮,单击该按钮后,将会弹出一个日期选择对话框,完整效果如图 6-4 所示。

除通过设置 data-role 属性值绑定 datebox 日期插件外,还可以通过添加文本框的 data-options 属性,设置插件对应的选项配置,如设置日期数据输入的模式为 calbox,data-options 属性对应的值为"'{"mode": "calbox"}'"。

如果设置某一日期为黑名单,data-options 属性对应的值为"'{"fixDateArrays": true,

"blackDates"：["2012-10-2","2012-05-04"]，"mode"："calbox"}'"，该行代码分别将 2012-10-2 和 2012-05-04 这两天列为黑名单，在日期对话框选择日期时，被设置为黑名单的日期是不可以被选择的，只能显示。

6.5 simpledialog 简单对话框插件

simpledialog 是一款专门针对 jQuery Mobile 开发移动项目的插件，使用该插件可以取代 JavaScript 中 dialog 对话框的功能。simpledialog 插件有三种固定的对话模式，功能说明如下。

（1）bool 模式。该模式为默认模式，在该模式下，单击对话框中的"确定"按钮后，将返给被调用页面一个 bool 类型的值。

（2）string 模式。在该模式下，单击对话框中的"确定"按钮后，将返给被调用页面一个 string 类型的值。

（3）blank 模式。在该模式下，会弹出一个用户自定义内容的对话框。

接下来，通过一个完整的实例来介绍 simpledialog 简单对话框插件在 jQuery Mobile 移动项目中使用的方法与过程。

6.5.1 资源文件

在开始使用该插件的功能之前，先将如下资源文件放置到所在页面的<head>元素中。

1）插件文件

css/css6.5/jquery.mobile.simpledialog.css

js/js6.5/jquery.mobile.simpledialog.js

2）下载地址

http://dev.jtsage.com/jQM-SimpleDialog/

6.5.2 运用实例

simpledialog 对话框插件的使用方法十分简单，操作步骤如下。

- 在页面中添加一个<a>元素，用于单击该元素时，弹出 simpledialog 插件所形成的对话框。
- 编写 JavaScript 代码，调用 simpledialog 插件的 simpledialog()方法，将<a>元素与插件相绑定。

实例 6-5　simpledialog 简单对话框插件

1. 功能说明

新建一个 HTML 页面，并在页面中添加一个 listview 列表容器，当用户单击容器选项中最右侧的"删除"按钮时，将调用 simpledialog 插件，弹出一个确定删除的对话框，当单击对话框中"确定"按钮时，删除所选择的选项；单击"取消"按钮后，关闭弹出的对话框。

2. 实现代码

在 WebStorm 开发工具中，新创建一个 HTML 页面 6-5.html，加入如代码清单 6-5 所示的代码。

代码清单 6-5   simpledialog 简单对话框插件

```html
<!DOCTYPE html>
<html>
<head>
    <title>simpledialog 插件应用程序</title>
    <meta name = "viewport" content = "width = device - width,
        initial - scale = 1.0, maximum - scale = 1.0" />
    <link href = "css/css6.5/jquery.mobile.simpledialog.css"
        rel = "Stylesheet" type = "text/css" />
    <link href = "css/jquery.mobile - 1.4.5.min.css"
        rel = "Stylesheet" type = "text/css" />
    <script src = "js/jquery - 1.11.1.min.js"
            type = "text/javascript"></script>
    <script src = "js/jquery.mobile - 1.4.5.min.js"
            type = "text/javascript"></script>
    <script src = "js/js6.5/jquery.mobile.simpledialog.js"
            type = "text/javascript"></script>
    <script type = "text/javascript">
        $(function() {
            $("li a[data - transition = 'slideup']")
              .each(function(index) {
                $(this).bind("click", function() {
                    $(this).simpledialog({
                        'mode': 'bool',
                        'prompt': '您真的要删除所选择的记录吗?',
                        'useModal': true,
                        'buttons': {
                            '确定': {
                              click: function() {
                                  var $delId = "li" + index;
                                  $("#" + $delId).remove();
                              }
                            },
                            '取消': {
                              click: function() {
                                  //编写单击"取消"按钮事件
                              },
                              icon: "delete",
                              theme: "c"
                            }
                        }
                    })
                })
            })
        });
    </script>
</head>
<body>
<div data - role = "page">
    <div data - role = "header">
```

```
< h1 >对话框</h1 >
</div >
  < div data - role = "main"
       class = "ui - content">
     < ul data - role = 'listview'
        data - split - icon = "delete"
        data - split - theme = "c">
     < li id = "li0"><a href = " # ">图书</a>
        < a href = " # " data - transition = "slideup">
           删除图书大类</a>
     </li >
     < li id = "li1"><a href = " # ">影视</a>
        < a href = " # " data - transition = "slideup">
           删除影视大类</a>
     </li >
     < li id = "li2"><a href = " # ">音乐</a>
        < a href = " # " data - transition = "slideup">
           删除音乐大类</a>
     </li >
   </ul >
  </div >
  < div data - role = "footer"
     data - position = "fixed">
     < h4 >© 2018 rttop. cn studio </h4 >
  </div >
</div >
</body >
</html >
```

3. 页面效果

该页面在 Opera Mobile Emulator 12.1 下执行的效果如图 6-5 所示。

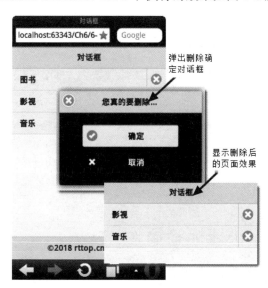

图 6-5　使用 simpledialog 简单对话框插件在删除确定时应用的效果

4. 源码分析

在本实例的 JavaScript 代码中,先使用 each()方法遍历列表中各选项,获取最右侧的圆形删除按钮元素;然后,将各个获取的删除按钮元素绑定 simpledialog 插件的 simpledialog()方法;最后,在该方法的 options 对象中,完成相关属性值的设置。

在删除按钮绑定 simpledialog 插件以后,当用户单击对话框中的"确定"按钮时,将触发按钮的 click 事件,在该事件中,先根据 index 传回的值,获取用户选中的是哪一行,然后,使用 remove()方法删除指定 id 号的列表选项,实现在页面中移除所选择的记录效果。

在调用 simpledialog 对话框插件中的 simpledialog()方法时,可以在该方法的括号中,通过对应的 options 对象,设置弹出对话框插件的相关属性,options 对象所包含的属性和详细说明如表 6-4 所示。

表 6-4　simpledialog 插件中 options 对象的属性和说明

属　　性	说　　明	默　认　值
mode	弹出对话框的模式	bool
prompt	给用户显示的内容	Are you sure?
cleanOnClose	当用户单击关闭按钮时,是否彻底清除已打开的对话框	false
clickEvent	绑定按钮的事件名称	click
subTitle	是否在对话框内容的第二行显示字幕信息	false
fullHTML	当模式为 blank 时,对话框中自定义的内容	null
inputPassword	是否使用密码输入字符格式	false

除此而外,simpledialog 插件还允许在指定的事件中,回调自定义的函数,常用的事件如下。

```
onCreated: function() { }
```

上述事件在创建一个对话框时触发。

```
onOpened: function() { }
```

上述事件在打开一个对话框时触发。

```
onClosed: function() { }
```

上述事件在关闭一个对话框时触发。

```
onShown: function() { }
```

上述事件在打开对话框动画效果结束时触发。

6.6　actionsheet 快捷标签插件

actionsheet 插件是一款无须编写任何 JavaScript 代码,完全通过 HTML 5 新增的属性控制的插件,通过引入该插件,可以在页面中以优雅的动画效果弹出一个任意的标签,该标签中的内容可以是任何的 HTML 代码元素。

由于该插件的快捷性,所以被广泛应用于页面中的内容显示、信息通知和广告发布等,当然,也可以应用于在用户退出时,弹出的询问对话框或快捷的弹出式用户登录对话框。

6.6.1 资源文件

在开始使用该插件的功能之前,先将如下资源文件放置到所在页面的<head>元素中。

1)插件文件

css/css6.6/jquery.mobile.actionsheet.css

js/js6.6/jquery.mobile.actionsheet.js

2)下载地址

https://github.com/hiroprotagonist/jquery.mobile.actionsheet/

6.6.2 运用实例

由于 actionsheet 插件是完全依靠元素的相关属性进行设置的,因此,使用也相对简单,操作步骤通常分为下列两步。

(1)在页面中添加不同元素,创建一个用于弹出的标签对话框,并设置 id 号属性。

(2)在页面中添加一个用于调用标签对话框的元素,将该元素的 data-role 属性设置为 actionsheet,表示该元素用于弹出标签对话框,再通过将元素的 data-sheet 属性值设置为标签对话框的 id 号,最终,实现元素与标签对话框的绑定过程。

实例 6-6 actionsheet 快捷标签插件

1. 功能说明

新建一个 HTML 页面,并在页面中分别创建两个快捷标签对话框,第一个用于单击头部最右侧"退出"按钮时,弹出显示;第二个用于单击内容区域中"登录"按钮时,弹出显示。

2. 实现代码

在 WebStorm 开发工具中,新创建一个 HTML 页面 6-6.html,加入如代码清单 6-6 所示的代码。

代码清单 6-6 actionsheet 快捷标签插件

```
<!DOCTYPE html>
<html>
<head>
    <title>actionsheet 插件应用程序</title>
    <meta name="viewport" content="width=device-width,
        initial-scale=1.0, maximum-scale=1.0"/>
    <link href="css/css6.6/jquery.mobile.actionsheet.css"
        rel="Stylesheet" type="text/css"/>
    <link href="css/jquery.mobile-1.4.5.min.css"
        rel="Stylesheet" type="text/css"/>
    <script src="js/jquery-1.11.1.min.js"
        type="text/javascript"></script>
```

```
          < script src = "js/jquery.mobile - 1.4.5.min.js"
                type = "text/javascript"></script >
          < script src = "js/js6.6/jquery.mobile.actionsheet.js"
                type = "text/javascript"></script >
</head >
< body >
     < div data - role = "page">
          < div data - role = "header"
             data - position = "fixed">
             < h1 >快捷标签</h1 >
             < a data - icon = "gear"
               class = "ui - btn - right"
               data - role = "actionsheet">退出
             </a >
             < div >
                < p class = "pTip">
                   您真的要退出本系统吗?
                </p >
                < div class = "ui - grid - a">
                   < div class = "ui - block - a">
                      < a data - role = "button"
                        class = "ui - btn - active">
                         确定
                      </a >
                   </div >
                   < div class = "ui - block - b">
                      < a data - role = "button"
                        data - rel = "close">
                         取消
                      </a >
                   </div >
                </div >
             </div >
          </div >
          < div data - role = "main"
             class = "ui - content">
             < a class = "ui - btn"
               data - sheet = "login"
               data - role = "actionsheet">
                登录
             </a >
             < form id = "login" action = "#">
                < span class = "spnLogin">
                   用户登录
                </span >
                < input name = "user" type = "text"
                      placeholder = "请输入名称"/>
                < input name = "pass" type = "password"
                      placeholder = "请输入密码"/>
```

```
            < div class = "ui - grid - a">
                < div class = "ui - block - a">
                    < a data - role = "button"
                        type = "submit"
                        class = "ui - btn - active">
                        确定
                    </a>
                </div >
                < div class = "ui - block - b">
                    < a data - role = "button"
                        type = "reset">
                        取消
                    </a>
                </div >
            </div >
        </form >
    </div >
    < div data - role = "footer"
        data - position = "fixed">
        < h4 >© 2018 rttop.cn studio </h4 >
    </div >
    </div >
</body >
</html >
```

3. 页面效果

该页面在 Opera Mobile Emulator 12.1 下执行的效果如图 6-6 所示。

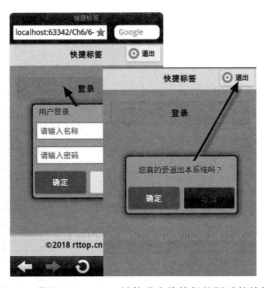

图 6-6　使用 actionsheet 插件弹出快捷标签框时的效果

4. 源码分析

在本实例中,创建了两个被调用的标签框(actionsheet),第一个在 header 容器中,通过
<div>标记进行包裹,并且<div>标记的位置必须放在调用该标签框元素的下一行,即在
header 容器中,由于是<a>元素调用标签框,因此,在<a>元素结束标记的下一行,放置标签
框是外层的<div>元素;同时,在调用标签框<a>元素中,还要通过将 data-role 属性值设置
为 actionsheet,表示该元素将调用使用<div>元素包裹的标签框(actionsheet)。

与 header 容器不同,在 content 容器中,除调用标签框元素与标签框本身的位置必须是
前后关系外,还要为标签框添加一个 id 号属性,调用标签框元素不仅将 data-role 属性值设
置为 actionsheet,而且还要添加 data-sheet 属性,并将该属性的值设置为标签框的 id 号,才
完成与标签框的绑定。

说明:使用 actionsheet 插件创建标签框(actionsheet),并与指定的链接元素相绑定,其
实现的过程不需要编写任何 JavaScript 代码,只需要把握两个元素间的放置顺序关系,并通
过添加 data-role、data-sheet 属性,将两者进行绑定。

6.7　本章小结

与 jQuery 一样,jQuery Mobile 同样具有很强的可拓展性,基于此,使许多优秀的插件
可以直接融入 jQuery Mobile 项目中使用。在本章中,列举了 6 款专门针对 jQuery Mobile
开发移动项目的插件,通过一个个精选的实例,详细介绍了这些插件在 jQuery Mobile 项目
中的使用方法、开发技巧和注意事项。通过本章的学习,使读者能够了解在 jQuery Mobile
开发移动项目中如何借助插件的优势,加快项目开发进度,提高开发效率的方法。

第 ⟨7⟩ 章

jQuery Mobile API

本章学习目标

- 熟悉 jQuery Mobile 基本配置的使用方法；
- 掌握 jQuery Mobile 框架中基本事件的应用方法；
- 理解 jQuery Mobile 框架中常用转换方法的调用。

7.1 基本配置项

在 jQuery Mobile 中，框架的基本配置项是可以被修改的，由于配置项针对的是全局功能的使用，jQuery Mobile 会在页面加载到增强特征时就需要使用这些配置项，而这个加载过程早于 document. ready 事件的触发，因此，在该事件中进行修改是无效的，而是选择更早的 mobileinit 事件，在该事件中，可以编写新的配置项来覆盖原有的基本配置项设置。

在 document. mobileinit 事件中自定义自己的配置项可以通过使用 jQuery 中的 $. extend 方法扩展和借助 $. mobile 对象进行设置，下面通过两个实例来分别进行介绍各自实现的过程。

7.1.1 自定义页面加载和出错提示信息

当用户在移动端浏览 jQuery Mobile 开发的移动项目中的页面时，如果是首次加载或速度较慢时，会在页面的居中位置显示滚动的加载动画和 Loading 的文字信息，另外，如果访问的某个超链接页面不存在时，也会出现 Error Loading Page 的提示信息，而这些默认配置项都可以在 document. mobileinit 事件进行自定义设置。

实例 7-1　自定义页面加载和出错提示信息

1. 功能说明

新建一个 HTML 页面，在页面中增加一个<a>元素，将该元素的 href 属性值设置为一个不存在的页面文件 error.html,当用户单击该元素时,将显示自定义的出错提示信息。

2. 实现代码

在 WebStorm 开发工具中,新创建一个 HTML 页面 7-1.html,加入如代码清单 7-1 所示的代码。

代码清单 7-1-1   自定义页面加载和出错提示信息

```html
<!DOCTYPE html>
<html>
<head>
    <title> jQuery Mobile 默认配置</title>
    <meta name = "viewport" content = "width = device - width,
      initial - scale = 1.0, maximum - scale = 1.0" />
    <link href = "css/jquery.mobile - 1.4.5.min.css"
          rel = "Stylesheet" type = "text/css" />
    <script src = "js/jquery - 1.11.1.min.js"
            type = "text/javascript"></script>
    <script src = "js/jquery.mobile - 1.4.5.min.js"
            type = "text/javascript"></script>
    <script src = "js/7 - 1.js"
            type = "text/javascript"></script>
</head>
<body>
  <div data - role = "page">
    <div data - role = "header"
        data - position = "fixed">
      <h1>头部栏</h1>
    </div>
    <div data - role = "main"
        class = "ui - content">
      <h3>修改默认配置值</h3>
      <p>
      <a href = "error.html">
          单击我
      </a>
      </p>
    </div>
    <div data - role = "footer"
       data - position = "fixed">
      <h4>© 2018 rttop.cn studio </h4>
  </div>
  </div>
</body>
</html>
```

在代码清单 7-1-1 中,<head>元素引用了一个 7-1.js,在该文件中,通过使用 $.mobile 对象,在 mobileinit 完成了对默认配置信息的修改,代码如代码清单 7-1-2 所示。

代码清单 7-1-2　自定义页面加载和出错提示信息对应的 js 文件

```
$(document).on("pagecreate","#page1", function() {
    //$.mobile.loadingMessage = '努力加载中...';
    //$.mobile.pageLoadErrorMessage = '找不到对应页面!';
    $.extend( $.mobile, {
        loadingMessage:'努力加载中...',
        pageLoadErrorMessage:'找不到对应页面!'
    });
});
```

3. 页面效果

该页面在 Opera Mobile Emulator 12.1 下执行的效果如图 7-1 所示。

图 7-1　修改默认配置值后出错提示时的效果

4. 源码分析

在本实例中，借助 $.mobile 对象，在 pagecreate 事件中，通过下列代码，分别修改了页面加载时和加载出错时的提示信息，代码如下。

```
$.extend( $.mobile, {
    loadingMessage:'努力加载中...',
    pageLoadErrorMessage:'找不到对应页面!'
})
```

上述代码调用了 jQuery 中的 $.extend()方法进行扩展，也可以使用 $.mobile 对象直接对各配置值进行设置，因此，上述代码等价于：

```
$.mobile.loadingMessage = '努力加载中...';
$.mobile.pageLoadErrorMessage = '找不到对应页面!';
```

通过在 pagecreate 事件中加入上述代码中的任意一种，都可以实现修改默认配置项 loadingMessage 和 pageLoadErrorMessage 的显示内容。

7.1.2　使用函数修改 gradeA 配置值

在 jQuery Mobile 的默认配置中，gradeA 配置项表示检测浏览器是否属于支持类型中的 A 级别，配置值为布尔型，默认为 $.support.mediaquery，除此之外，也可以通过代码来检测当前的浏览器是否是支持类型中的 A 级别，下面通过一个实例来进行详细的说明。

实例 7-2　使用函数修改 gradeA 配置值

1. 功能说明

新建一个 HTML 页面，在页面中添加一个 id 为 pTip 的<p>元素，当执行页面的浏览器属于 A 类支持级别时，在<p>元素中显示"浏览器是否为"A"类级别：true"字样，否则显示"浏览器是否为"A"类级别：false"字样。

2. 实现代码

在 WebStorm 开发工具中，新创建一个 HTML 页面 7-2.html，加入如代码清单 7-2-1 所示的代码。

代码清单 7-2-1　使用函数修改 gradeA 配置值

```html
<!DOCTYPE html>
<html>
<head>
    <title>jQuery Mobile 默认配置</title>
    <meta name="viewport" content="width=device-width,
      initial-scale=1.0, maximum-scale=1.0" />
    <link href="css/jquery.mobile-1.4.5.min.css"
        rel="Stylesheet" type="text/css" />
    <script src="js/jquery-1.11.1.min.js"
        type="text/javascript"></script>
    <script src="js/jquery.mobile-1.4.5.min.js"
        type="text/javascript"></script>
    <script type="text/javascript">
        $(function() {
            var strTmp = '浏览器是否为"A"类级别：';
            $("#pTip").html(strTmp + $.mobile.gradeA());
        })
    </script>
</head>
<body>
  <div data-role="page">
    <div data-role="header"
        data-position="fixed">
      <h1>头部栏</h1>
    </div>
    <div data-role="main"
```

```
        class = "ui - content">
       < h3 >修改默认配置 gradeA 的值</h3 >
      < p id = "pTip"></p >
     </div >
     < div data - role = "footer"
       data - position = "fixed">
       < h4 >© 2018 rttop. cn studio </h4 >
     </div >
    </div >
 </body >
 </html >
```

在代码清单 7-2-1 中,< head >元素引用了一个 7-2. js,在该文件中,通过使用函数的方式,创建一个< div >元素,然后,检测各类浏览器对该元素中 CSS3 样式的支持状态,并将函数返回的值作为 gradeA 配置项的新值,代码如代码清单 7-2-2 所示。

代码清单 7-2-2　使用函数修改 gradeA 配置值对应的 js 文件

```
$ (document). on("pagecreate"," ♯ page1", function() {
    $ . extend( $ . mobile, {
        gradeA: function() {
            //创建一个临时的 div 元素
            var divTmp = document. createElement("div");
            //设置元素的内容
            divTmp. innerHTML = '< div
            style = " - webkit - transform:rotate(360deg);
                  - moz - transform:rotate(360deg);"></div >';
            //定义一个初始值
            var btnSupport = false;
            btnSupport =
            (divTmp. firstChild. style. webkitTransform
            != undefined)
            ||
            (divTmp. firstChild. style. MozTransform
            != undefined);
            return btnSupport;
        }
    });
});
```

3. 页面效果

该页面在 Opera Mobile Emulator 12.1 下执行的效果如图 7-2 所示。

4. 源码分析

在本实例的 JavaScript 代码中,当触发 pagecreate 事件时,通过 $. mobile 对象重置 gradeA 配置值,该配置值是一个函数的返回值。在这个函数中,先创建一个< div >元素,并在该元素中设置一个翻转 360°的 CSS3 样式效果,然后,根据浏览器对该样式效果的支持情况,返回 false 或 true 值,最后,将该值作为整个函数的返回值,对 gradeA 的配置值进行修改,详细实现的过程如代码清单 7-2-2 所示。

图 7-2　gradeA 配置项不同值时的效果

7.2　事件

在移动终端设备中,有一类事件无法触发,如鼠标事件或窗口事件,但它们又是客观存在的,因此,在 jQuery Mobile 中,借助框架的 API 将这类型的事件扩展为专门用于移动终端设备的事件,如触摸、设备翻转、页面转切换等,开发人员可以使用 live()或 bind()进行绑定。

7.2.1　触摸事件

在 jQuery Mobile 中,触摸事件包括下面 5 种类型,详细说明如下。

(1) tap(轻击)事件。当用户完成一次快速完整的轻击页面屏幕时触发。

(2) taphold(轻击不放)事件。当用户完成一次轻击页面屏幕且保持不放(大约 1s)时触发。

(3) swipe(划动)事件。当用户在 1s 内,水平拖曳屏幕距离大于 30px 或垂直拖曳屏幕距离小于 20px 时触发,在触发该事件时,需要注意下列属性。

① scrollSupressionThreshold。该属性默认值为 10px,在水平拖曳时,大于该值则停止。

② durationThreshold。该属性默认值为 1000ms,划动时,超过该值则停止。

③ horizontalDistanceThreshold。该属性默认值为 30px,水平拖曳超出该值时才能滑动。

④ verticalDistanceThreshold。该属性默认值为 75px,垂直拖曳小于该值时才能滑动。

(4) swipeleft(向左边划动)事件。当用户划动屏幕的方式是向左边时触发。

(5) swiperight(向右边划动)事件。当用户划动屏幕的方式是向右边时触发。

在以上 5 个触摸事件中,swipeleft 与 swiperight 事件常用于移动项目中的页面元素向左或向右的滑动查看,如相册中的图片浏览。接下来通过一个完整的实例来介绍使用 swipeleft 与 swiperight 事件以滑动的方式查看图片的过程。

实例 7-3 使用触摸事件滑动浏览图片

1. 功能说明

新建一个 HTML 页面,并在页面中通过<ul>列表中的<li>元素添加 4 幅图片,当页面加载完成后,用户可以对并行显示的全部图片进行向左或向右的滑动浏览。

2. 实现代码

在 WebStorm 开发工具中,新创建一个 HTML 页面 7-3. html,加入如代码清单 7-3-1 所示的代码。

代码清单 7-3-1 使用触摸事件滑动浏览图片

```
<!DOCTYPE html>
<html>
<head>
    <title> jQuery Mobile 触摸事件</title>
    <meta name = "viewport" content = "width = device - width,
        initial - scale = 1.0, maximum - scale = 1.0"/>
    <link href = "css/7 - 3.css"
        rel = "Stylesheet" type = "text/css"/>
    <link href = "css/jquery.mobile - 1.4.5.min.css"
        rel = "Stylesheet" type = "text/css"/>
    <script src = "js/jquery - 1.11.1.min.js"
        type = "text/javascript"></script>
    <script src = "js/jquery.mobile - 1.4.5.min.js"
        type = "text/javascript"></script>
</head>
<body>
<div data - role = "page">
    <div data - role = "header"
        data - position = "fixed">
        <h1>头部栏</h1>
    </div>
    <div data - role = "main"
        class = "ui - content">
        <div class = "ifrswipt">
            <div class = "inner">
                <ul id = "ifrswipt">
                    <li>
                        <img src = "images/pic08.jpg"
                            class = "imgswipt"
                            alt = ""/>
                    </li>
                    <li>
                        <img src = "images/pic09.jpg"
```

```
                            class = "imgswipt"
                            alt = ""/>
                    </li>
                    <li>
                        < img src = "images/pic10.jpg"
                            class = "imgswipt"
                            alt = ""/>
                    </li>
                    <li>
                        < img src = "images/pic11.jpg"
                            class = "imgswipt"
                            alt = ""/>
                    </li>
                </ul>
            </div>
        </div>
    </div>
    < div data - role = "footer"
        data - position = "fixed">
        < h4 >ⓒ 2018 rttop. cn studio </h4 >
    </div >
</div >
< script src = "js/7 - 3. js"
        type = "text/javascript"></script >
</body >
</html >
```

在代码清单 7-3-1 中，<head>元素引用了一个 7-3.css，在该文件中，编写控制装载全部图片的框架与图片样式，代码如代码清单 7-3-2 所示。

代码清单 7-3-2　　使用触摸事件滑动浏览图片对应的 CSS 文件

```
/ * 滑动截图 * /
.ifrswipt
{
    width:223px;height:168px;
    margin:0 auto;position:relative;
    padding:3px 20px 3px 20px
}
.ifrswipt .inner
{
    width:223px;height:168px;
    overflow:visible;position:relative
}
.ifrswipt ul
{
    width:920px;list - style:none;
    overflow:hidden;position:absolute;
    top:0px;left:0;margin:0;padding:0
}
```

```
.ifrswipt li
{
    width:120px;height:168px;
    display:inline;line-height:168px;
    float:left;position:relative;
    margin-right:15px
}
.ifrswipt li .imgswipt
{
    width:120px;height:160px;
    cursor:pointer;padding:3px;
    border:solid 1px #eee
}
```

在代码清单 7-3-1 中,页面底部引用了一个 7-3.js,在该文件中,通过编写 JavaScript 代码,调用 swiptleft 和 swiptright 事件,实现滑动浏览图片的功能,代码如代码清单 7-3-3 所示。

代码清单 7-3-3　使用触摸事件滑动浏览图片对应的 js 文件

```
// 全局命名空间
var swiptimg = {
    $ index: 0,
    $ width: 120,
    $ swipt: 0,
    $ legth: 3
}
var $ imgul = $ ("#ifrswipt");
$ (".imgswipt").each(function() {
    $ (this).swipeleft(function() {
      if (swiptimg. $ index < swiptimg. $ legth) {
        swiptimg. $ index++;
        swiptimg. $ swipt = - swiptimg. $ index * swiptimg. $ width;
        $ imgul.animate({ left: swiptimg. $ swipt }, "slow");
      }
    }).swiperight(function() {
        if (swiptimg. $ index > 0) {
        swiptimg. $ index -- ;
        swiptimg. $ swipt = - swiptimg. $ index * swiptimg. $ width;
        $ imgul.animate({ left: swiptimg. $ swipt }, "slow");
      }
  })
})
```

3. 页面效果

该页面在 Opera Mobile Emulator 12.1 下执行的效果如图 7-3 所示。

4. 源码分析

在本实例中,首先,在类别名为 ifrswipt 的<div>容器中,添加一个<ul>列表,并将全部

图 7-3　调用触摸事件滑动图片时的效果

滑动浏览的图片添加至列表的<li>元素中。

　　然后,在本实例对应的js文件中,先定义了一个全局性对象swiptimg,在该对象中设置需要使用的变量,并将获取的图片加载框架元素,保存在 $imgul 变量中。

　　最后,无论是将图片绑定 swiptleft 事件还是 swiptright 事件,都要调用 each()方法遍历全部的图片,并在遍历时,通过 $(this)对象获取当前的图片元素,并将它与 swiptleft 和 swiptright 事件相绑定。

　　在将图片绑定的 swiptleft 事件中,先判断当前图片的索引变量 swiptimg. $index 值是否小于图片总量值 swiptimg. $legth,如果成立,那么,索引变量自动增加1;然后,将需要滑动的长度值保存到变量 swiptimg. $swipt 中;最后,通过原先保存元素的 $imgul 变量调用 jQuery 中的 animate()方法,以动画的方式向左边移动指定的长度。

　　在将图片绑定的 swiptright 事件中,由于是向右滑动的,因此,先判断当前图片的索引变量 swiptimg. $index 的值是否大于 0,如果成立,那么,说明整个图片框架已向左边滑动过,索引变量自动减少1;然后,获取滑动时的长度值并保存到变量 swiptimg. $swipt 中;最后,通过原先保存元素的 $imgul 变量调用 jQuery 中的 animate()方法,以动画的方式向右边移动指定的长度。详细实现过程如代码清单 7-3-3 所示。

　　说明:由于每次滑动的长度值都与当前图片的索引变量相连,因此,每次的滑动长度都会不一样;另外,图片加载完成后,根据滑动的条件,必须按照先从右侧滑动至左侧,然后再从左侧滑动至右侧的顺序进行,其中每次滑动时的长度和图片总数变量,可以自行修改。

7.2.2　翻转事件

　　在 jQuery Mobile 事件中,当用户使用移动终端设备浏览页面时,如果手持设备的方向发生变化,即横向或纵向手持时,将触发 orientationchange 事件,在该事件中,通过获取回调函数中返回对象的 orientation 属性,可以判断用户手持设备的当前方向,该属性有两个值,分别为 portrait 和 landscape,前者表示纵向垂直,后者表示横向水平。

实例 7-4 使用翻转事件检测移动设备的手持方向

1. 功能说明

新建一个 HTML 页面,并在页面中添加一个<p>元素,当用户变换移动设备的手持方向时,<p>元素中显示的文字内容和背景样式将随之发生变化。

2. 实现代码

在 WebStorm 开发工具中,新创建一个 HTML 页面 7-4. html,加入如代码清单 7-4-1 所示的代码。

代码清单 7-4-1 使用翻转事件检测移动设备的手持方向

```
<!DOCTYPE html>
<html>
<head>
    <title> jQuery Mobile 设备翻转事件</title>
    <meta name = "viewport" content = "width = device - width,
      initial - scale = 1.0, maximum - scale = 1.0" />
    <link href = "Css/jquery.mobile - 1.4.5.min.css"
        rel = "Stylesheet" type = "text/css" />
    <script src = "js/jquery - 1.11.1.min.js"
        type = "text/javascript"></script>
    <script src = "js/jquery.mobile - 1.4.5.min.js"
        type = "text/javascript"></script>
    <link href = "Css/7 - 4.css"
        rel = "Stylesheet" type = "text/css" />
</head>
<body>
  <div data - role = "page">
    <div data - role = "header"
        data - position = "fixed">
      <h1>头部栏</h1>
    </div>
    <div data - role = "main"
        class = "ui - content">
      <p></p>
    </div>
    <div data - role = "footer"
        data - position = "fixed">
      <h4>© 2018 rttop.cn studio </h4>
    </div>
  </div>
  <script src = "js/7 - 4.js"
      type = "text/javascript"></script>
</body>
</html>
```

在代码清单 7-4-1 中,< head >元素引用了一个 7-4. js 文件,在该文件中,编写触发

orientationchange 事件时,控制<p>元素内容与样式的功能,代码如代码清单 7-4-2 所示。

代码清单 7-4-2 使用翻转事件检测移动设备的手持方向对应的 js 文件

```
var $p = $("p");
$(window).on('orientationchange', function(event) {
    var $oVal = event.orientation;
    if ($oVal == 'portrait') {
        $p.html("垂直方向");
        $p.attr("class", "p-portrait");
    } else {
        $p.html("水平方向");
        $p.attr("class", "p-landscape");
    }
})
```

在代码清单 7-4-1 中,<head>元素引用了一个 7-4.css 文件,在该文件中,编写控制垂直和水平方向的类别样式,代码如代码清单 7-4-3 所示。

代码清单 7-4-3 使用翻转事件检测移动设备的手持方向对应的 CSS 文件

```
/* 纵向垂直时的样式 */
.p-portrait
{
    width:75px;height:150px;
    line-height:150px;text-align:center;
    background-color:#eee;border:solid 2px #666
}
/* 横向水平时的样式 */
.p-landscape
{
    width:150px;height:75px;
    line-height:75px;text-align:center;
    background-color:#ccc;border:solid 2px #666
}
```

3. 页面效果

该页面在 Opera Mobile Emulator 12.1 下执行的效果如图 7-4 所示。

4. 源码分析

在本实例中,先在页面中添加一个<p>元素,并设置两个样式类别 p-portrait 和 p-landscape,分别控制移动设备的手持方向为垂直和水平时<p>元素的样式。

然后,在实例对应的 js 文件中,页面加载时,将<body>元素绑定 orientationchange 事件,在该事件的回调函数中,通过传回的 orientation 属性值,检测用户移动设备的手持方向,如果为 portrait,则<p>元素的文字内容为"垂直方向"字样,设置样式类别名为 p-portrait;反之,<p>元素的文字内容为"水平方向"字样,设置样式类别名为 p-landscape,从而实现根据不同的移动设备的手持方向,动态地改变<p>元素显示的文字内容与样式的功能。

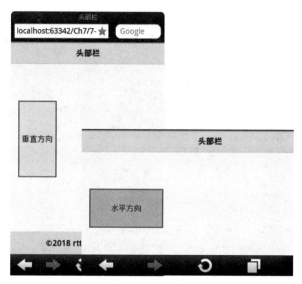

图 7-4 调用翻转事件控制页面元素时的效果

说明：在移动端的页面中，如果想使 orientationchange 事件能正常被触发，必须将 $.mobile.orientationChangeEnabled 配置项的值设为 true，如果改变该选项的值，那么，将不会触发该事件，只会触发 resize 事件。

7.2.3 屏幕滚动事件

在 jQuery Mobile 中，屏幕滚动事件包含两个类型：一种为开始滚动(scrollstart)事件，另一种为结束滚动(scrollstop)事件。这两种类型的事件主要区别在于触发时间不同，前者是当用户开始滚动屏幕中页面时触发，而后者是当用户停止滚动屏幕中页面时触发，接下来通过一个完整的实例介绍如何在移动项目的页面中绑定这两个事件。

实例 7-5 使用屏幕滚动事件控制页面显示的文字与样式

1. 功能说明

新建一个 HTML 页面，并在页面中添加一个<p>元素，当用户开始或停止滚动屏幕时，触发已绑定的对应事件，在事件中，动态改变显示在<p>元素中的文字内容和背景颜色。

2. 实现代码

在 WebStorm 开发工具中，新创建一个 HTML 页面 7-5.html，加入如代码清单 7-5-1 所示的代码。

代码清单 7-5-1 使用屏幕滚动事件控制页面显示的文字与样式

```
<!DOCTYPE html>
<html>
<head>
    <title>jQuery Mobile 屏幕滚动事件</title>
    <meta name = "viewport" content = "width = device - width,
```

```
            initial-scale=1.0, maximum-scale=1.0"/>
        <link href="css/jquery.mobile-1.4.5.min.css"
            rel="Stylesheet" type="text/css" />
        <link href="css/7-5.css"
            rel="Stylesheet" type="text/css" />
        <script src="js/jquery-1.11.1.min.js"
            type="text/javascript"></script>
        <script src="js/jquery.mobile-1.4.5.min.js"
            type="text/javascript"></script>
</head>
<body>
    <div data-role="page">
        <div data-role="header"
            data-position="fixed">
            <h1>头部栏</h1>
        </div>
        <div data-role="main"
            class="ui-content">
            <p />
        </div>
        <div data-role="footer"
            data-position="fixed">
            <h4>© 2018 rttop.cn studio </h4>
    </div>
    </div>
    <script src="js/7-5.js"
            type="text/javascript"></script>
</body>
</html>
```

在代码清单 7-5-1 中，< head >元素引用了一个 7-5.js 文件，在该文件中，编写当屏幕显示内容开始或停止滚动时，绑定相应事件，并在事件中动态改变< p >元素中文字内容和背景样式的功能，代码如代码清单 7-5-2 所示。

代码清单 7-5-2　使用屏幕滚动事件控制页面显示的文字与样式对应的 js 文件

```
$(document).on('pagecreate', 'div[data-role="page"]',
    function(event, ui) {
    var eventsElement = $('p');
    $(window).bind('scrollstart', function() {
        eventsElement.html("开始滚动");
        eventsElement.css('background', 'green');
    })
    $(window).bind('scrollstop', function() {
        eventsElement.html("滚动停止");
        eventsElement.css('background', 'red');
    })
})
```

在代码清单 7-5-1 中，< head >元素引用了一个 7-5.css 文件，在该文件中，编写用于显示提示信息的<p>元素样式,代码如代码清单 7-5-3 所示。

代码清单 7-5-3　使用屏幕滚动事件控制页面显示的文字与样式对应的 CSS 文件

```
/*设置提示元素的样式*/
p
{
    height:23px; line-height:23px;
    padding:5px; text-align:center;
    border:solid 2px #666
}
```

3. 页面效果

该页面在 Opera Mobile Emulator 12.1 下执行的效果如图 7-5 所示。

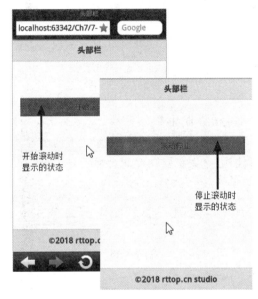

图 7-5　调用屏幕滚动事件控制页面元素时的效果

4. 源码分析

在本实例中,页面在触发 pagecreate 事件时,将 window 屏幕对象分别与 scrollstart 和 scrollstop 事件相绑定,当 window 屏幕开始滚动时,触发 scrollstart 事件,在该事件中将<p>元素显示的文字设为“开始滚动”字样,背景色变成 green。

当 window 屏幕停止滚动时,触发 scrollstop 事件,在该事件中,将<p>元素显示的文字设为“滚动停止”字样,背景色也变成 red。

说明:由于在 iOS 的系统中,屏幕在滚动时将停止 DOM 的操作,停止滚动后,再按队列执行已终止的 DOM 操作,因此,在这样的系统中,屏幕的滚动事件将无效。

7.2.4　页面显示或隐藏事件

在 jQuery Mobile 中,当不同页面间或同一个页面不同容器间相互切换时,将触发页面中的显示或隐藏事件,具体的事件类型有四类,说明如下。

(1) pagebeforeshow(页面显示前事件)。当页面在显示之前,实际切换正在进行时触发,此事件回调函数传回的数据对象中有一个 prevPage 属性,该属性是一个 jQuery 集合对象,它可以获取正在切换远离页面的全部 DOM 元素。

(2) pagebeforehide(页面隐藏前事件)。当页面在隐藏之前,实际切换正在进行时触发,此事件回调函数传回的数据对象中有一个 nextPage 属性,该属性是一个 jQuery 集合对象,它可以获取正在切换目标页面的全部 DOM 元素。

(3) pageshow(页面显示完成事件)。当页面切换完成时触发,此事件回调函数传回的数据对象中有一个 prevPage 属性,该属性是一个 jQuery 集合对象,它可以获取切换之前上一页面的全部 DOM 元素。

(4) pagehide(页面隐藏完成事件)。当页面隐藏完成时触发,此事件回调函数传回的数据对象中有一个 nextPage 属性,该属性是一个 jQuery 集合对象,它可以获取切换之后当前页面的全部 DOM 元素。

接下来通过一个完整的实例,详细介绍绑定页面显示或隐藏各类型事件的过程。

实例 7-6　绑定页面的显示与隐藏事件

1. 功能说明

新建一个 HTML 页面,在页面中添加两个 page 容器,分别对应 id 号为 page1 和 page2,并在两个容器中分别添加一个<a>元素,用来实现两个容器间的切换,在切换过程中绑定页面的显示与隐藏事件,通过浏览器的控制台显示各类型事件执行的详细信息。

2. 实现代码

在 WebStorm 开发工具中,新创建一个 HTML 页面 7-6. html,加入如代码清单 7-6-1 所示的代码。

代码清单 7-6-1　绑定页面的显示与隐藏事件

```
<!DOCTYPE html>
<html>
<head>
    <title>jQuery Mobile 显示与隐藏事件</title>
    <meta name="viewport" content="width=device-width,
      initial-scale=1.0, maximum-scale=1.0" />
    <link href="Css/jquery.mobile-1.4.5.min.css"
        rel="Stylesheet" type="text/css" />
    <script src="js/jquery-1.11.1.min.js"
        type="text/javascript"></script>
    <script src="js/jquery.mobile-1.4.5.min.js"
        type="text/javascript"></script>
    <script src="js/7-6.js"
        type="text/javascript"></script>
</head>
<body>
  <div data-role="page" id="page1">
    <div data-role="header"
```

```
        data - position = "fixed">
        < h1 >头部栏</h1 >
      </div >
      < div data - role = "main"
          class = "ui - content">
        < a href = "♯page2">下一页</a >
      </div >
      < div data - role = "footer"
        data - position = "fixed">
        < h4 >ⓒ 2018 rttop. cn studio </h4 >
    </div >
    </div >
    < div data - role = "page" id = "page2">
      < div data - role = "header"
          data - position = "fixed">
        < h1 >头部栏</h1 >
      </div >
      < div data - role = "main"
          class = "ui - content">
        < a href = "♯page1">上一页</a >
      </div >
      < div data - role = "footer"
        data - position = "fixed">
        < h4 >ⓒ 2018 rttop. cn studio </h4 >
    </div >
    </div >
</body >
</html >
```

在代码清单 7-6-1 中,< head >元素引用了一个 7-6. js 文件,在该文件中,通过绑定页面的显示与隐藏事件,将事件的执行过程显示在浏览器控制台中,代码如代码清单 7-6-2 所示。

代码清单 7-6-2　绑定页面的显示与隐藏事件对应的 js 文件

```
$ (function() {
    $ ('div'). on('pagebeforehide', function(event, ui) {
        console. log('1. ' + ui. nextPage[0]. id + ' 正在显示中... ');
    });
    $ ('div'). on('pagebeforeshow', function(event, ui) {
        console. log('2. ' + ui. prevPage[0]. id + ' 正在隐藏中... ');
    });
    $ ('div'). on('pagehide', function(event, ui) {
        console. log('3. ' + ui. nextPage[0]. id + ' 显示完成! ');
    });
    $ ('div'). on('pageshow', function(event, ui) {
        console. log('4. ' + ui. prevPage[0]. id + ' 隐藏完成! ');
    })
})
```

3. 页面效果

该页面在 Opera Mobile Emulator 12.1 下执行的效果如图 7-6 所示。

图 7-6　绑定页面显示或隐藏事件控制台捕获执行信息时的效果

4. 源码分析

在本实例的 JavaScript 代码中,将< div >容器元素与各类型的页面显示和隐藏事件相绑定,在这些事件中,通过调用 console 的 log()方法,记录每个事件中回调函数传回的数据对象属性,这些属性均是一个个 jQuery 对象。在显示事件中,该对象可以获取切换之前页面(prevPage)的全部 DOM 元素;在隐藏事件中,该对象可以获取切换之后页面(nextPage)的全部 DOM 元素,各事件中获取的返回对象不同,不能混用。

除实例 7-3～实例 7-6 中所介绍的事件之外,其他重要的 jQuery Mobile 事件名称与使用方法如表 7-1 所示。

表 7-1　jQuery Mobile 中其他重要事件的名称和使用说明

事　件　名	说　　明
pagebeforeload	该事件在加载请求发出前触发,在绑定的回调函数中,可以调用 preventDefault()方法,表示由该事件来处理 load 事件
pageload	该事件当页面加载成功并创建了全部的 DOM 元素后触发,被绑定的回调函数作为一个数据对象,该对象有两个参数,其中第二个参数包含如下信息:url 表示调用地址,absurl 表示绝对地址
pageloadfailed	该事件当页面加载失败时触发,默认情况下,触发该事件后,jQuery Mobile 框架将以页面的形式显示出错信息
pagebeforechange	当页面在切换或改变之前触发该事件,在回调函数中,包含两个数据对象参数,其中第一个参数 toPage 表示指定内/外部的页面绝对/相对地址,第二个参数 options 表示使用 changePage()方法的配置参数
pagechange	当完成 changePage()方法请求的页面并完成 DOM 元素加载时触发该事件,在触发任何 pageshow 或 pagehide 事件之前,此事件已完成了触发

事 件 名	说 明
pagechangefailed	当使用 changePage()方法请求页面失败时触发,其回调函数与 pagebeforechange 事件一样,数据对象包含相同的两个参数
pagebeforecreate	当页面在初始化数据之前触发,在触发该事件之前,jQuery Mobile 的默认部件将自动初始化数据,另外,通过绑定 pagebeforecreate 事件,然后返回 false,可以禁止页面中的部件自动操作
pagecreate	当页面在初始化数据之后触发,该事件是用户在自定义自己的部件,或增强子部件中标记时,最常用调用的一个事件
pageremove	当试图从 DOM 中删除一个外部页面时触发该事件,在该事件的回调函数中可以调用事件对象的 preventDefault()方法,防止删除的页面被访问
updatelayout	当动态显示或隐藏内容的组成部分时,触发该事件,该事件以冒泡的形式通知页面中需要同时更新的其他组件

7.3 方法

在 jQuery Mobile 中,除通过 API 拓展了许多绑定的实用事件外,还借助 $.mobile 对象,提供了不少使用简单、容易上手的方法,其中有些方法已在 2.3 节有过介绍,介于篇幅,在此不再赘述,本节主要介绍使用 $.mobile 对象中的方法,实现 URL 地址的转换、验证和域名比较及纵向滚动的功能。

7.3.1 makePathAbsolute()和 makeUrlAbsolute()转换方法

在使用 jQuery Mobile 开发移动项目过程中,有时需要将一个文件的访问路径进行统一转换,将一些不规范的文件访问相对地址转换成标准的绝对地址,这项功能可以通过调用 $.mobile 对象中的 makePathAbsolute()来实现,该方法的调用格式如下。

```
$.mobile.path.makePathAbsolute(relPath, absPath)
```

其中,参数 relPath 为字符型,为必填项,表示相对文件的路径;参数 absPath 为字符型,为必填项,表示绝对文件的路径。该方法的功能是以绝对文件路径为标准,根据相对文件路径所在目录级别,将相对文件的路径转成一个绝对文件路径,返回值是一个转换成功的绝对路径字符串。

与 makePathAbsolute()方法相类似,makeUrlAbsolute()方法是将一些不规范的 URL 地址,转换成统一标准的绝对 URL 地址,该方法调用的格式如下。

```
$.mobile.path.makeUrlAbsolute(relUrl, absUrl)
```

其中,参数 relUrl 为字符型,为必填项,表示相对 URL 的地址;参数 absUrl 为字符型,为必填项,表示绝对 URL 的地址。该方法的功能是以绝对 URL 地址为标准,根据相对 URL 地址所在的目录级别,将相对 URL 地址转换成一个绝对 URL 地址,返回值是一个转换成功的绝对 URL 地址字符串。

接下来通过一个完整的实例来介绍这两种方法的实现过程。

实例 7-7　makePathAbsolute()和 makeUrlAbsolute()转换方法

1. 功能说明

新建一个 HTML 页面,添加两个 page 容器,并通过导航栏切换这两个容器,在第一个容器的文本框中输入一个相对文件的路径后,将返回一个转换后的绝对路径;在第二个容器的文本框中输入一个相对文件的 URL 地址后,将返回一个转换后的绝对 URL 地址。

2. 实现代码

在 WebStorm 开发工具中,新创建一个 HTML 页面 7-7. html,加入如代码清单 7-7-1 所示的代码。

代码清单 7-7-1　makePathAbsolute()和 makeUrlAbsolute()转换方法

```html
<!DOCTYPE html>
<html>
<head>
    <title>makePathAbsolute()和 makeUrlAbsolute()转换方法</title>
    <meta name="viewport" content="width=device-width,
        initial-scale=1.0, maximum-scale=1.0" />
    <link href="Css/7-7.css"
        rel="Stylesheet" type="text/css" />
    <link href="Css/jquery.mobile-1.4.5.min.css"
        rel="Stylesheet" type="text/css" />
    <script src="js/jquery-1.11.1.min.js"
        type="text/javascript"></script>
    <script src="js/jquery.mobile-1.4.5.min.js"
        type="text/javascript"></script>
    <script src="js/7-7.js"
        type="text/javascript"></script>
</head>
<body>
    <div data-role="page" id="page1">
    <div data-role="header"
        data-position="fixed">
      <div data-role="navbar">
        <ul>
          <li>
            <a href="#page1"
                class="ui-btn-active">
                转换路径
            </a>
          </li>
          <li>
            <a href="#page2">
                转换 Url
            </a>
```

```
            </li>
          </ul>
        </div>
      </div>
      <div class = "dchange">
          <div>绝对路径: </div>
          <div class = "dtip"
              id = "page1 - a">/a/b/c/index.html
          </div>
          <div>相对路径: </div>
          <input id = "page1 - txt" type = "text"/>
          <div>转换结果: </div>
          <div class = "dtip" id = "page1 - b"">
          </div>
      </div>
      <div data - role = "footer"
          data - position = "fixed">
          <h4 >© 2018 rttop.cn studio </h4 >
      </div>
  </div>
  <div data - role = "page" id = "page2">
      <div data - role = "header"
          data - position = "fixed">
        <div data - role = "navbar">
          <ul >
            <li>
                <a href = "#page1">
                    转换路径
                </a>
            </li>
            <li>
                <a href = "#page2"
                    class = "ui - btn - active">
                    转换 Url
                </a>
            </li>
          </ul>
        </div>
      </div>
      <div class = "dchange">
          <div>绝对 Url: </div>
          <div class = "dtip"
              id = "page2 - a">
              http://rttop.cn/a/b/c/index.html
          </div>
          <div>相对 Url: </div>
          <input id = "page2 - txt" type = "text"/>
          <div>转换结果: </div>
          <div class = "dtip" id = "page2 - b">
```

```
        </div>
      </div>
    < div data - role = "footer"
       data - position = "fixed">
      < h4 >© 2018 rttop.cn studio </h4 >
    </div >
    </div >
  </body >
  </html >
```

在代码清单 7-7-1 中，< head >元素引用了一个 7-7.js 文件，在该文件中，分别调用 $. mobile 对象的 makePathAbsolute()和 makeUrlAbsolute()方法，实现将相对文件路径或 URL 地址转换成绝对的字符串的功能，代码如代码清单 7-7-2 所示。

代码清单 7-7-2　makePathAbsolute()和 makeUrlAbsolute()转换方法的 js 文件

```
$ (document).on("pagecreate","#page1", function() {
    var $ p1 = "#page1 - ";
    $ ($ p1 + "txt").on("change", function() {
        var strPath = $ ($ p1 + "a").html();
        var absPath = $ .mobile.path
            .makePathAbsolute($ (this).val(), strPath);
        $ ($ p1 + "b").html(absPath)
    })
})
$ (document).on("pagecreate","#page2", function() {
    var $ p2 = "#page2 - ";
    $ ($ p2 + "txt").on("change", function() {
        var strPath = $ ($ p2 + "a").html();
        var absPath = $ .mobile.path
            .makeUrlAbsolute($ (this).val(), strPath);
        $ ($ p2 + "b").html(absPath)
    })
})
```

在代码清单 7-7-1 中，< head >元素还引用了一个 7-7.css 文件，该文件用于控制各容器的框架结构与元素的样式，代码如代码清单 7-7-3 所示。

代码清单 7-7-3　makePathAbsolute()和 makeUrlAbsolute()转换方法的 CSS 文件

```
/ * 设置示例区的样式 * /
.dchange
{
    float:left;padding:5px
}
.dchange .dtip
{
    border:solid 1px #ccc;color: #666;
    background - color: #eee; padding:3px;
    height:23px; line - height:23px
}
```

3. 页面效果

该页面在 Opera Mobile Emulator 12.1 下执行的效果如图 7-7 所示。

图 7-7　将相对路径或 URL 转成绝对字符串时的效果

4. 源码分析

在本实例中,由于是通过导航栏来切换页面中的两个容器,为了确保在容器的切换过程中,JavaScript 代码依然被执行,因此,分别将 JavaScript 代码放置在各容器的 pagecreate 事件中。

在 id 号为 page1 的容器 pagecreate 事件中,首先,定义一个 $p1 保存容器各元素的公共特征;然后,设置文本框 change 事件,在该事件中,将获取的绝对路径值保存在变量 strPath 中,并将获取文本框值和 strPath 变量作为实参,调用 makePathAbsolute();最后,将返回的绝对路径字符串保存在变量 absPath 中,并显示在页面元素中。

在 id 号为 page2 的容器中,获取绝对 URL 地址字符串的过程与在 id 号为 page1 的容器中获取绝对路径字符串的过程基本相同,仅是调用的方法不一样,在此不再赘述。

7.3.2　isRelativeUrl()和 isAbsoluteUrl()验证方法

在 jQuery Mobile 中, $.mobile 对象还提供了两个 URL 地址验证的方法,分别为 isRelativeUrl()和 isAbsoluteUrl(),前者可以验证指定的 URL 地址是否为相对 URL 地址,该方法调用的格式如下。

```
$.mobile.path.isRelativeUrl(url)
```

其中,参数 url 为字符型,为必填项,表示一个相对或绝对 URL 地址,该方法返回一个布尔值,即如果是相对 URL 地址,则返回 true;否则,返回 false。

后者可以验证指定的 URL 地址是否为绝对 URL 地址,该方法调用的格式如下。

```
$ .mobile.path.isAbsoluteUrl(url)
```

其中,参数 url 为字符型,为必填项,表示一个相对或绝对 URL 地址,该方法返回一个布尔值,即如果是绝对 URL 地址,则返回 true;否则,返回 false。

接下来通过一个完整的实例来介绍这两个方法的实现过程。

实例 7-8 isRelativeUrl()和 isAbsoluteUrl()验证方法

1. 功能说明

新建一个 HTML 页面,分别添加两个 page 容器,在第一个容器的文本框中输入任意一个 URL 地址,如果是相对地址,则在页面中显示"是",否则,显示"否";在第二个容器的文本框中输入任意一个 URL 地址,如果是绝对地址,则在页面中显示"是",否则,显示"否"。

2. 实现代码

在 WebStorm 开发工具中,新创建一个 HTML 页面 7-8. html,加入如代码清单 7-8-1所示的代码。

代码清单 7-8-1 isRelativeUrl()和 isAbsoluteUrl()验证方法

```html
<!DOCTYPE html>
<html>
<head>
    <title>isRelativeUrl()和 isAbsoluteUrl()验证方法</title>
    <meta name="viewport" content="width=device-width,
        initial-scale=1.0, maximum-scale=1.0" />
    <link href="Css/7-7.css"
        rel="Stylesheet" type="text/css" />
    <link href="Css/jquery.mobile-1.4.5.min.css"
        rel="Stylesheet" type="text/css" />
    <script src="js/jquery-1.11.1.min.js"
        type="text/javascript"></script>
    <script src="js/jquery.mobile-1.4.5.min.js"
        type="text/javascript"></script>
    <script src="js/7-8.js"
        type="text/javascript"></script>
</head>
<body>
  <div data-role="page" id="page1">
    <div data-role="header"
        data-position="fixed">
      <div data-role="navbar">
        <ul>
          <li>
            <a href="#page1"
              class="ui-btn-active">
                相对 Url
            </a>
```

```
                </li>
                <li>
                    <a href = "#page2">
                        绝对 Url
                    </a>
                </li>
            </ul>
        </div>
    </div>
    <div class = "dchange">
        <div>相对 Url: </div>
            <input id = "page1 - txt" type = "text"/>
        <div>验证结果: </div>
        <div class = "dtip" id = "page1 - b"">
        </div>
    </div>
    <div data - role = "footer"
        data - position = "fixed">
        <h4>© 2018 rttop.cn studio </h4>
    </div>
</div>
<div data - role = "page" id = "page2">
    <div data - role = "header"
        data - position = "fixed">
        <div data - role = "navbar">
            <ul>
                <li>
                    <a href = "#page1">相对 Url </a>
                </li>
                <li><a href = "#page2"
                    class = "ui - btn - active">绝对 Url </a>
                </li>
            </ul>
        </div>
    </div>
    <div class = "dchange">
        <div>绝对 Url: </div>
        <input id = "page2 - txt" type = "text"/>
        <div>转换结果: </div>
        <div class = "dtip" id = "page2 - b"></div>
    </div>
    <div data - role = "footer"
        data - position = "fixed">
        <h4>© 2018 rttop.cn studio </h4>
    </div>
    </div>
</body>
</html>
```

在代码清单 7-8-1 中，< head >元素引用了一个 7-8.js 文件，在该文件中，分别调用

$.mobile 对象的 isRelativeUrl() 和 isAbsoluteUrl() 方法,对输入的任意 URL 地址实现相对与绝对 URL 地址的验证功能,代码如代码清单 7-8-2 所示。

代码清单 7-8-2　isRelativeUrl() 和 isAbsoluteUrl() 验证方法的 js 文件

```
$(document).on("pagecreate","#page1", function() {
    var $p1 = "#page1-";
    $($p1 + "txt").on("change", function() {
        var blnResult = $.mobile.path
            .isRelativeUrl($(this).val()) ? "是" : "否";
        $($p1 + "b").html(blnResult)
    })
});
$(document).on("pagecreate","#page2", function() {
    var $p2 = "#page2-";
    $($p2 + "txt").on("change", function() {
        var blnResult = $.mobile.path
            .isAbsoluteUrl($(this).val()) ? "是" : "否";
        $($p2 + "b").html(blnResult)
    })
});
```

3. 页面效果

该页面在 Opera Mobile Emulator 12.1 下执行的效果如图 7-8 所示。

图 7-8　对任意输入的 URL 地址验证时的效果

4. 源码分析

在本实例中,分别在两个 page 容器的 pagecreate 事件中,编写触发对应文本框 change 事件的代码,在第一个 page 容器的文本框 change 事件中,将获取文本框的值作为调用 isRelativeUrl() 方法的实参,通过 blnResult 变量保存方法调用时的返回值,并将该值显示在指定 id 号的页面元素中。

在第二个 page 容器的文本框 change 事件中,同样将获取的文本框的值作为实参传给 isAbsoluteUrl(),且将该方法的返回值,赋值于 blnResult 变量,并将该值显示在指定 id 号的页面元素中,详细实现过程如代码清单 7-8-2 所示。

7.3.3 isSameDomain()域名比较方法

在 jQuery Mobile 中,除提供 URL 地址验证的方法外,还可以通过 isSameDomain()方法比较两个任意 URL 地址字符串内容是否为同一个域名,该方法的调用格式如下。

```
$.mobile.path.isSameDomain(url1, url2)
```

其中,参数 url1 为字符型,为必填项,是一个相对的 URL 地址字符串;另一个参数 url2 为字符型,为必填项,是一个相对或绝对的 URL 地址字符串。该方法的功能是当 url1 与 url2 的域名相同时,则返回 true;否则,返回 false。

接下来通过一个完整的实例来介绍这该方法的实现过程。

实例 7-9　isSameDomain()域名比较方法

1. 功能说明

新建一个 HTML 页面,添加一个 page 容器,并在容器中增加两个文本框,当用户在两个文本框中输入不同 URL 地址后,将调用 isSameDomain()方法对这两个地址进行比较,如果是相同域名则在页面中显示"是";否则,显示"否"。

2. 实现代码

在 WebStorm 开发工具中,新创建一个 HTML 页面 7-9.html,加入如代码清单 7-9-1 所示的代码。

代码清单 7-9-1　isSameDomain()域名比较方法

```html
<!DOCTYPE html>
<html>
<head>
    <title> isSameDomain()域名比较方法</title>
    <meta name = "viewport" content = "width = device - width,
      initial - scale = 1.0, maximum - scale = 1.0" />
    <link href = "Css/7 - 7.css"
        rel = "Stylesheet" type = "text/css" />
    <link href = "Css/jquery.mobile - 1.4.5.min.css"
        rel = "Stylesheet" type = "text/css" />
    <script src = "js/jquery - 1.11.1.min.js"
        type = "text/javascript"></script>
    <script src = "js/jquery.mobile - 1.4.5.min.js"
        type = "text/javascript"></script>
    <script src = "js/7 - 9.js"
        type = "text/javascript"></script>
</head>
```

```
< body >
  < div data - role = "page" id = "page1">
    < div data - role = "header"
      data - position = "fixed">
      < h1 >域名比较</h1 >
    </div >
    < div class = "dchange">
      < div >地址 1: </div >
      < input id = "page1 - txt1" type = "text"/>
      < div >地址 2: </div >
      < input id = "page1 - txt2" type = "text"/>
      < div >验证结果: </div >
      < div class = "dtip" id = "page1 - b"></div >
    </div >
    < div data - role = "footer"
      data - position = "fixed">
      < h4 >© 2018 rttop. cn studio </h4 >
    </div >
  </div >
</body >
</html >
```

在代码清单 7-9-1 中,< head >元素引用了一个 7-9. js 文件,在该文件中,调用 $. mobile 对象的 isSameDomain()方法,验证输入的任意两个 URL 地址是否同属一个域名,代码如代码清单 7-9-2 所示。

代码清单 7-9-2　isSameDomain()域名比较方法的 js 文件

```
$ (document).on("pagecreate","# page1", function() {
    var $ p1 = "# page1 - ";
    $ ("# page1 - txt1, # page1 - txt2").on("change", function() {
        var $ txt1 = $ ( $ p1 + "txt1").val();
        var $ txt2 = $ ( $ p1 + "txt2").val();
        if ( $ txt1 != "" && $ txt2 != "") {
            var blnResult = $ .mobile.path
                .isSameDomain( $ txt1, $ txt2) ? "是" : "否";
            $ ( $ p1 + "b").html(blnResult)
        }
    })
});
```

3. 页面效果

该页面在 Opera Mobile Emulator 12. 1 下执行的效果如图 7-9 所示。

4. 源码分析

在本实例中,两个文本框都绑定了一个相同的 change 事件,在该事件中,先获取各文本框输入的值,并分别保存在变量 $txt1 和 $txt2 中;然后,判断这两个变量的值是否为空,如果不为空,那么,将这两个值作为调用 isSameDomain()方法的实参,再根据该方法的返回值

图 7-9 验证两个 URL 地址是否同属一域名时的效果

转换成相应的"是"或"否"字符,并将该字符赋值于变量 blnResult;最后,通过指定 id 号的元素将该变量值显示在页面中,详细实现过程如代码清单 7-9-2 所示。

7.3.4 silentScroll()纵向滚动方法

在 jQuery Mobile 中,$.mobile 对象还提供了一个纵向滚动的方法,即滚动至 Y 轴的一个指定位置,该方法在执行时,不会触发滚动事件,它的调用格式如下。

```
$.mobile.silentScroll (yPos)
```

该方法的功能是在 Y 轴上滚动指定的位置,其中参数 yPos 为整数型,默认值为 0,如果参数值为 10,则表示整个屏幕向上滚动到 Y 轴的 10px 处。

下面通过一个完整的实例来介绍该方法的实现过程。

实例 7-10 silentScroll()纵向滚动方法

1. 功能说明

新建一个 HTML 页面,添加一个<span>元素,并将它的初始内容设置为"开始"字样,当单击该元素时,它的内容变成不断增加的动态数值并且整个屏幕也按照该值的距离不断向上滚动,直到该值显示为 30 时才终止。

2. 实现代码

在 WebStorm 开发工具中,新创建一个 HTML 页面 7-10.html,加入如代码清单 7-10-1 所示的代码。

代码清单 7-10-1 silentScroll()纵向滚动方法

```
<!DOCTYPE html>
<html>
```

```
< head >
    < title > silentScroll()纵向滚动方法</title >
    < meta name = "viewport" content = "width = device - width,
      initial - scale = 1.0, maximum - scale = 1.0" />
    < link href = "Css/7 - 7. css"
          rel = "Stylesheet" type = "text/css" />
    < link href = "Css/jquery. mobile - 1.4.5. min. css"
          rel = "Stylesheet" type = "text/css" />
    < script src = "js/jquery - 1.11.1. min. js"
          type = "text/javascript"></script >
    < script src = "js/jquery. mobile - 1.4.5. min. js"
          type = "text/javascript"></script >
    < script src = "js/7 - 10. js"
          type = "text/javascript"></script >
</head >
< body >
  < div data - role = "page" id = "page1">
    < div data - role = "header"
        data - position = "fixed">
      < h1 >纵向滚动</h1 >
    </div >
    < div data - role = "main"
          class = "ui - content">
      < div class = "dchange">
        < div >
            正在向上滚动距离是：
            < span id = "page1 - a1" class = "dtip">开始</span >
        </div >
      </div >
    </div >
    < div data - role = "footer"
        data - position = "fixed">
      < h4 >© 2018 rttop. cn studio </h4 >
    </div >
  </div >
</body >
</html >
```

在代码清单 7-10-1 中,< head >元素引用了一个 7-10. js 文件,在该文件中,自定义一个名为 AutoScroll 的函数,该函数调用 silentScroll()方法滚动屏幕,并通过调用一个定时器方法,实现屏幕动态向上滚动的效果。该代码如代码清单 7-10-2 所示。

代码清单 7-10-2　silentScroll()纵向滚动方法的 js 文件

```
var $ intInterval;
var $ intHeight = 0;
var $ p1 = "♯page1 - ";
$ ("♯page1"). on("pagecreate", function() {
    $ ($ p1 + "a1"). live("click", function() {
```

```
        $ intInterval = window. setInterval("AutoScroll()",
        1000);
    })
})
//编写自动滚动函数
function AutoScroll() {
    if ( $ intHeight < 30) {
        $ .mobile. silentScroll( $ intHeight);
        $ ( $ p1 + "a1").html( $ intHeight);
        $ intHeight =  $ intHeight + 2;
    } else {
        window. clearInterval( $ intInterval);
    }
}
```

3. 页面效果

该页面在 Opera Mobile Emulator 12.1 下执行的效果如图 7-10 所示。

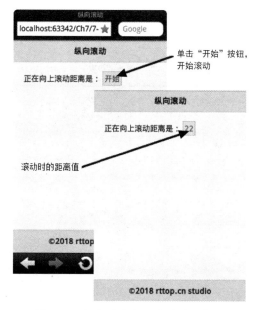

图 7-10　屏幕动态向上滚动时的效果

4. 源码分析

在本实例的 JavaScript 代码中,首先,自定义了一个名为 AutoScroll() 的函数,该函数的功能是,当保存滚动高度变量 $intInterval 的值小于 30px 时,以该值作为实参调用 silentScroll() 方法,使屏幕向上滚动至 Y 轴的变量 $intInterval 值处,并在页面的 < span > 元素中,显示该变量值,同时,变量 $intInterval 的值累加 2px;当变量 $intInterval 的值大于或等于 30px 时,则调用 window 对象中的 clearInterval() 方法清除定时器变量 $intInterval,从而终止设置的定时操作。然后,在容器的 pagecreate 事件中,设置 < span > 元素的 click 事件,在该 click 事件中,调用 window 对象中的 setInterval() 方法,设置每隔 1s,执行一次

AutoScroll 函数的定时操作,通过该定时操作,可以实现屏幕动态向上滚动的效果。

7.4　本章小结

　　本章先通过两个完整、简单的实例的开发过程,介绍了更改 jQuery Mobile 基本配置的方法;然后,再通过实用、简洁的开发实例,由浅入深地介绍了一些常用事件的使用方法,使读者进一步掌握高效绑定事件的技巧;最后,通过一个个精选的小实例,详细介绍了 jQuery Mobile 中几个常用方法的调用过程,为读者全面了解与掌握 jQuery Mobile 提供的 API 使用方法打下扎实的理论与实践基础。

第 ⟨8⟩ 章

jQuery Mobile 开发技巧与实践经验

本章学习目标

- 熟悉 jQuery Mobile 中元素状态禁用的方法；
- 掌握 jQuery Mobile 中本地缓存对象传递参数的技巧；
- 了解 jQuery Mobile 中构建离线页的过程。

8.1 开启或禁用列表项中的箭头

在 jQuery Mobile 中，<ul>列表的使用十分频繁，几乎所有需要加载大量格式化数据的情况下都会考虑使用该元素，为了能在单击列表选项时链接到某个页面，在列表的<li>选项元素中，常常会增加一个<a>元素，用于实现单击列表项进行链接的功能，一旦添加<a>元素后，jQuery Mobile 默认会在列表项的最右侧自动增加一个圆形背景的小箭头，用来表示列表中的选项是一个超级链接。

当然，在实际开发过程中，开发者可以通过修改数据集中的图标属性 data-icon，实现该小箭头图标开启与禁用的功能。

下面通过一个完整的实例来介绍该方法的实现过程。

实例 8-1　开启或禁用列表项中的箭头

1. 功能说明

新建一个 HTML 页面，在页面中添加两个 page 容器，一个用于显示"启用"箭头图标的列表项，另一个用于显示"禁用"箭头图标的列表项，且各列表项都可以单击链接。

2. 实现代码

在 WebStorm 开发工具中，新创建一个 HTML 页面 8-1. html，加入如代码清单 8-1 所示的代码。

代码清单 8-1　开启或禁用列表项中的箭头

```html
<!DOCTYPE html>
<html>
<head>
    <title>开启或禁用列表项中的箭头</title>
    <meta name = "viewport" content = "width = device - width,
        initial - scale = 1" />
    <link href = "css/jquery.mobile - 1.4.5.min.css"
        rel = "Stylesheet" type = "text/css" />
    <script src = "js/jquery - 1.11.1.min.js"
        type = "text/javascript"></script>
    <script src = "js/jquery.mobile - 1.4.5.min.js"
        type = "text/javascript"></script>
</head>
<body>
  <div data - role = "page" id = "page1">
    <div data - role = "header"
        data - position = "fixed">
      <div data - role = "navbar">
        <ul>
          <li><a href = "#page1"
                class = "ui - btn - active">启用</a>
          </li>
          <li><a href = "#page2">禁用</a></li>
        </ul>
      </div>
    </div>
    <ul data - role = "listview">
      <li><a href = "#">计算机</a></li>
      <li><a href = "#">社科</a></li>
      <li><a href = "#">文艺</a></li>
    </ul>
    <div data - role = "footer"
        data - position = "fixed">
      <h4>© 2018 rttop.cn studio</h4>
  </div>
  </div>
  <div data - role = "page" id = "page2">
   <div data - role = "header"
        data - position = "fixed">
    <div data - role = "navbar">
      <ul>
      <li>
        <a href = "#page1">启用</a>
      </li>
      <li>
        <a href = "#page2"
            class = "ui - btn - active">禁用</a>
        </li>
```

```
          </ul>
        </div>
      </div>
    <ul data-role="listview">
      <li data-icon="false">
          <a href="#">计算机</a>
      </li>
        <li data-icon="false">
          <a href="#">社科</a>
      </li>
        <li data-icon="false">
          <a href="#">文艺</a>
      </li>
      </ul>
      <div data-role="footer"
          data-position="fixed">
        <h4>© 2018 rttop.cn studio</h4>
    </div>
    </div>
</body>
</html>
```

3. 页面效果

该页面在 Opera Mobile Emulator 12.1 下执行的效果如图 8-1 所示。

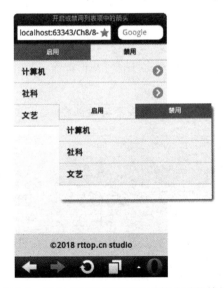

图 8-1　开启或禁用列表项中的箭头时的效果

4. 源码分析

在本实例中,通过设置列表项中<a>元素的 data-icon 属性值,可以开启或禁用列表项中最右侧箭头图标的显示状态,该属性默认值为 true,表示显示;如果设置为 false,则为禁用。

另外,如果在 data-role 属性值为 button 的<a>元素中,data-icon 属性值则为按钮中的图标名称,如 data-icon 属性值为 delete,则显示一个"删除"按钮的小图标,也可以将该属性值设置为 true 或 false,开启或禁用按钮中图标的显示状态。

此外,在 jQuery Moible 中,<a>元素的 data-icon 属性可以控制图标的显示状态,而另外一个 data-mini 属性则可以控制按钮显示时的高度,该属性默认值为 false,表示正常高度显示;如果设置为 true,则将显示一个高度紧凑型的按钮。

8.2 使用悬浮的方式固定头部与底部栏

在移动设备的浏览器中查看页面时,默认的页面滑动方式是从上至下,或从下至上,如果加载的内容较多、页面很长时,以这种方式,想要从底部栏返回头部栏中导航条,再单击超链接地址,就会比较麻烦。在头部栏或底部栏的容器元素中,通过增加 data-position 属性,并将该属性值设置为 fixed,可以将滚动屏幕时隐藏的头部栏或底部栏,在停止滚动或单击时重新出现,再次滚动时,又自动隐藏,实现头部栏或底部栏以悬浮的形式固定在原有位置的功能。

下面通过一个完整的实例来介绍该方法的实现过程。

实例 8-2 使用悬浮的方式固定头部与底部栏

1. 功能说明

新建一个 HTML 页面,并分别添加一个头部栏和底部栏容器,当上下滚动滑动屏幕时,头部栏和底部栏自动隐藏,停止滚动时,又自动显示在原有位置。

2. 实现代码

在 WebStorm 开发工具中,新创建一个 HTML 页面 8-2. html,加入如代码清单 8-2 所示的代码。

代码清单 8-2 使用悬浮的方式固定头部与底部栏

```html
<!DOCTYPE html>
<html>
<head>
    <title>使用悬浮的方式固定头部与底部栏</title>
    <meta name="viewport" content="width=device-width,
        initial-scale=1" />
    <link href="css/jquery.mobile-1.4.5.min.css"
        rel="Stylesheet" type="text/css" />
    <script src="js/jquery-1.11.1.min.js"
        type="text/javascript"></script>
    <script src="js/jquery.mobile-1.4.5.min.js"
        type="text/javascript"></script>
</head>
<body>
  <div data-role="page">
    <div data-role="header"
```

```
                        data - position = "fixed">
            < h1 >荣拓科技</h1 >
        </div >
        < ul data - role = "listview">
            < li >< a href = "♯">计算机</a ></li >
            < li >< a href = "♯">社科</a ></li >
            < li >< a href = "♯">文艺</a ></li >
            < li >< a href = "♯">生活</a ></li >
            < li >< a href = "♯">历史</a ></li >
            < li >< a href = "♯">经济</a ></li >
            < li >< a href = "♯">音乐</a ></li >
            < li >< a href = "♯">舞蹈</a ></li >
            < li >< a href = "♯">武术</a ></li >
            < li >< a href = "♯">科学</a ></li >
            < li >< a href = "♯">农业</a ></li >
            < li >< a href = "♯">水产</a ></li >
            < li >< a href = "♯">计算机</a ></li >
            < li >< a href = "♯">社科</a ></li >
            < li >< a href = "♯">文艺</a ></li >
            < li >< a href = "♯">生活</a ></li >
            < li >< a href = "♯">历史</a ></li >
            < li >< a href = "♯">经济</a ></li >
            < li >< a href = "♯">计算机</a ></li >
            < li >< a href = "♯">社科</a ></li >
            < li >< a href = "♯">文艺</a ></li >
            < li >< a href = "♯">生活</a ></li >
            < li >< a href = "♯">历史</a ></li >
            < li >< a href = "♯">经济</a ></li >
            < li >< a href = "♯">计算机</a ></li >
            < li >< a href = "♯">社科</a ></li >
            < li >< a href = "♯">文艺</a ></li >
            < li >< a href = "♯">生活</a ></li >
            < li >< a href = "♯">历史</a ></li >
            < li >< a href = "♯">经济</a ></li >
            < li >< a href = "♯">计算机</a ></li >
            < li >< a href = "♯">社科</a ></li >
            < li >< a href = "♯">文艺</a ></li >
            < li >< a href = "♯">生活</a ></li >
            < li >< a href = "♯">历史</a ></li >
            < li >< a href = "♯">经济</a ></li >
        </ul >
        < div data - role = "footer"
            data - position = "fixed">
            < h3 >© 2018 rttop. cn studio </h3 >
        </div >
    </div >
</body >
</html >
```

3. 页面效果

该页面在 Opera Mobile Emulator 12.1 下执行的效果如图 8-2 所示。

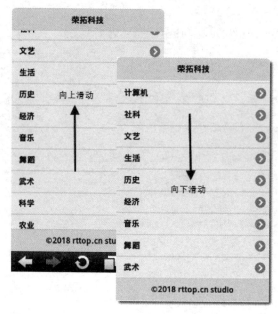

图 8-2　使用悬浮的方式固定头部与底部栏时的效果

4. 源码分析

在本实例中,通过在工具栏中添加 data-position 属性,可以使头部或底部栏以悬浮的形式显示在原有位置上,使用户在上下滑动屏幕时,仍然可以方便地使用它们。

此外,在工具栏中,还可以增加全屏显示属性 data-fullscreen,如果将该属性的值设置为 true,那么,当以全屏的方式浏览图片或其他信息时,工具栏仍然以悬浮的形式显示在全屏的页面上,与 data-position 属性不同,属性 data-fullscreen 并不是在原有位置上的隐藏与显示切换,而是在屏幕中完全消失,当出现全屏幕页面时,又重新返回页面中。

8.3　初始化页面过程中随机显示背景图

在 jQuery Mobile 中,页面的加载过程与在 jQuery 中并不一样,它可以很容易地捕捉到一些非常有用的事件,如 pagecreate 页面初始化事件,该事件中所有请求的 DOM 元素已经完成了创建,正在开始加载,此时,用户可以自定义部件元素,实现一些自定义样式效果,如显示加载进度条或随机显示页面背景图片等。

下面通过一个完整的实例来介绍该方法的实现过程。

实例 8-3　初始化页面过程中随机显示背景图

1. 功能说明

新建一个 HTML 页面,在页面的正文区域中添加一个<p>元素,每次加载页面时,该元素的背景色将以随机的方式显示。

2. 实现代码

在 WebStorm 开发工具中，新创建一个 HTML 页面 8-3.html，加入如代码清单 8-3-1 所示的代码。

代码清单 8-3-1 初始化页面过程中随机显示背景图

```
<!DOCTYPE html>
<html>
<head>
    <title>初始化页面过程中随机显示背景图片</title>
    <meta name="viewport" content="width=device-width,
        initial-scale=1" />
    <link href="css/8-3.css"
        rel="Stylesheet" type="text/css" />
    <link href="css/jquery.mobile-1.4.5.min.css"
        rel="Stylesheet" type="text/css" />
    <script src="js/jquery-1.11.1.min.js"
        type="text/javascript"></script>
    <script src="js/jquery.mobile-1.4.5.min.js"
        type="text/javascript"></script>
    <script src="js/8-3.js"
        type="text/javascript"></script>
</head>
<body>
    <div data-role="page" id="page1">
        <div data-role="header"
            data-position="fixed">
            <h1>头部栏</h1></div>
        <div data-role="main"
            class="ui-content">
            <p class="p p0" id="pChange">
                随机显示背景图
            </p>
        </div>
        <div data-role="footer"
            data-position="fixed">
            <h4>© 2018 rttop.cn studio</h4>
        </div>
    </div>
</body>
</html>
```

在代码清单 8-3-1 中，页面的<head>元素包含了一个名为 8-3.js 的文件，在该文件中，页面容器 page1 绑定 pagecreate 事件，在该事件中实现<p>元素背景色随机变化的功能，代码如代码清单 8-3-2 所示。

代码清单 8-3-2 初始化页面过程中随机显示背景图对应的 js 文件

```
$(document).on("pagecreate",'#page1', function() {
    var $randombg = Math.floor(Math.random() * 4); // 0 to 3
```

```
    var $ p = $ ('♯pChange');
    $ p.removeClass("p0").addClass('p' + $ randombg);
})
```

此外,在代码清单 8-3-1 中,页面的< head >元素还包含了一个名为 8-3.css 的文件,该样式文件用于定义不同类别名的随机样式和控制< p >元素的显示样式,代码如代码清单 8-3-3 所示。

代码清单 8-3-3　初始化页面过程中随机显示背景图对应的 CSS 文件

```
.p  /＊p元素基本样式＊/
{
    text－align:center;
    border:solid 1px ♯ccc;
    font－size:14px;
    line－height:28px
}
.p0 /＊p 元素随机样式＊/
{
    background: transparent url(images/bg－0.png) 0 0 repeat
}
.p1
{
    background: transparent url(images/bg－1.png) 0 0 repeat
}
.p2
{
    background: transparent url(images/bg－2.png) 0 0 repeat
}
.p3
{
    background: transparent url(images/bg－3.png) 0 0 repeat
}
```

3. 页面效果

该页面在 Opera Mobile Emulator 12.1 下执行的效果如图 8-3 所示。

4. 源码分析

在本实例中,通过绑定页面中 page1 容器的 pagecreate 事件,当页面在初始化过程中,随机获取< p >元素的背景图片,实现背景色随机显示的功能,在对应的 JavaScript 代码中,先将(0～3)的随机数保存在变量 $randombg 中,然后,通过 jQuery 中的 removeClass()方法移除原有的样式类别,并调用 addClass()方法,将随机数组合的样式添加至< p >元素中,从而实现元素背景色随机显示的功能。

此外,在页面的 pagecreate 事件,当页面以动态方式加载较多内容时,可以在该事件中定义一个进度条图片,在数据开始加载时,显示该图片,加载完成后,自动隐藏该图片,从而极大地优化用户体验。

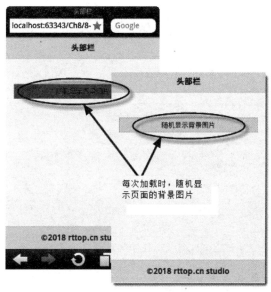

图 8-3 初始化页面过程中随机显示背景图时的效果

8.4 按钮中标题文字的控制

在 jQuery Mobile 中,当列表选项或按钮中的标题文字过长时,将被自动截断,并用 "…"符号表示被截断的部分,当然,该功能也可以通过重置 ui-btn-text 类别属性恢复正常 显示。此外,在按钮中,如果将 data-iconpos 的属性值设为 notext,还可以创建一个没有任 何标题文字的按钮。

下面通过一个实例来介绍这两个功能的实现方法。

实例 8-4　按钮中标题文字的控制

1. 功能说明

新建一个 HTML 页面,在正文区域中添加两个 data-role 属性值为 button 的< a >元 素,第一个用于正常显示按钮中超长的标题文字,第二个用于不显示按钮中的标题文字。

2. 实现代码

在 WebStorm 开发工具中,新创建一个 HTML 页面 8-4. html,加入如代码清单 8-4 所 示的代码。

代码清单 8-4　按钮中标题文字的控制

```
<!DOCTYPE html>
< html >
< head >
    <title>按钮中标题文字的控制</title>
    < meta name = "viewport" content = "width = device - width,
        initial - scale = 1" />
    < link href = "css/jquery.mobile - 1.4.5.min.css"
        rel = "Stylesheet" type = "text/css" />
```

```
        < script src = "js/jquery - 1.11.1.min.js"
                type = "text/javascript"></script >
        < script src = "js/jquery.mobile - 1.4.5.min.js"
                type = "text/javascript"></script >
        < style type = "text/css">
                .ui - btn - text{white - space: normal}
        </style>
</head >
< body >
  < div data - role = "page" id = "page1">
    < div data - role = "header"
        data - position = "fixed">
      < h1 >头部栏</h1 >
    </div >
    < div data - role = "main"
            class = "ui - content">
      < a href = "#" data - role = "button"
        data - theme = "a">
        一个很长文字内容的按钮
      </a >
      < a href = "#" data - role = "button" data - icon = "search"
        data - theme = "a" data - iconpos = "notext">
        这是一个没有文字的图标按钮
      </a >
    </div >
    < div data - role = "footer"
        data - position = "fixed">
      < h4 >© 2018 rttop.cn studio </h4 >
    </div >
  </div >
</body >
</html >
```

3. 页面效果

该页面在 Opera Mobile Emulator 12.1 下执行的效果如图 8-4 所示。

4. 源码分析

在本实例中,通过将名为 ui-btn-text 的类别值重置为 white-space：normal,使所有使用该类别的按钮中标题文字正常显示,不再出现截断显示的状态;同时,如果在按钮< a >元素中将添加的 data-iconpos 属性值设置为 notext,可以创建一个无文字内容的图标按钮。

此外,如果是在一个列表项< li >中,标题和段落重置的类别名称分别为 ui-li-heading、ui-li-desc,前者用于描述列表中文本标题的样式,后者用于描述列表中段落文本的样式,代码如下。

```
.ui - li - heading{ white - space:normal; color:Red}
.ui - li - desc{ white - space:normal; color:Green}
```

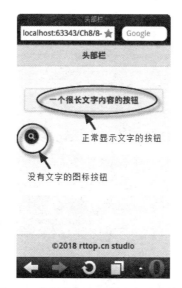

图 8-4 控制按钮中标题文字时的效果

上述代码中,除按正常长度显示列表项<li>中标题和段落的文字内容外,还将列表项<li>中标题的文字重置为"红色",段落的文字重置为"绿色"。

8.5 侦听 HTML 5 画布元素的触摸事件

在 jQuery Mobile 中,大量应用了 HTML 5 的新增加特征和元素,<canvas>画布元素就是其中之一,由于 jQuery Mobile 支持绝大多数的触摸事件,因此,可以很轻松地绑定画布的 tap 触摸事件,获取用户在触摸时返回的坐标数据信息。

接下来通过一个实例详细介绍在画布指定位置绘制触摸点的方法。

实例 8-5 侦听 HTML 5 画布元素的触摸事件

1. 功能说明

新建一个 HTML 页面,在内容区域中,添加一个<canvas>画布元素,当触摸画布时,将在触摸处绘制一个半径为 5 的实体小圆心,同时,在画布的最上面,显示此次触摸时的坐标数据信息。

2. 实现代码

在 WebStorm 开发工具中,新创建一个 HTML 页面 8-5. html,加入如代码清单 8-5-1 所示的代码。

代码清单 8-5-1 侦听 HTML 5 画布元素的触摸事件

```
<! DOCTYPE html >
< html >
< head >
    <title>侦听 HTML 5 画布元素的触摸事件</title>
    < meta name = "viewport" content = "width = device - width,
```

```
                   initial - scale = 1" />
        < link href = "css/8 - 5.css"
               rel = "Stylesheet" type = "text/css" />
        < link href = "css/jquery.mobile - 1.4.5.min.css"
               rel = "Stylesheet" type = "text/css" />
        < script src = "js/jquery - 1.11.1.min.js"
                type = "text/javascript"></script>
        < script src = "js/jquery.mobile - 1.4.5.min.js"
                type = "text/javascript"></script>
        < script src = "js/8 - 5.js"
                type = "text/javascript"></script>
</head>
< body >
   < div data - role = "page" id = "page1">
      < div data - role = "header"
            data - position = "fixed">
         < h1 >头部栏</h1 >
      </div >
      < div data - role = "main"
            class = "ui - content">
        < span id = "spnTip"></span >
        < canvas id = "cnvMain"></canvas >
      </div >
      < div data - role = "footer"
         data - position = "fixed">
         < h4 >© 2018 rttop.cn studio </h4 >
   </div >
   </div >
</body >
</html >
```

在代码清单 8-5-1 中，< head >元素包含了一个名为 8-5.js 的文件，通过在该文件中编写代码，绑定画布的 tap 事件，并显示该事件返回的坐标数据信息，代码如代码清单 8-5-2 所示。

代码清单 8-5-2　侦听 HTML 5 画布元素的触摸事件对应的 js 文件

```
$ (function() {
    var cnv = $ ("#cnvMain");
    var cxt = cnv.get(0).getContext('2d');
    var w = window.innerWidth / 1.2;
    var h = window.innerHeight / 1.2;
    var $tip = $ ('#spnTip');
    cnv.attr("width", w);
    cnv.attr("height", h);
    //绑定画布的 tap 事件
    cnv.bind('tap', function(event) {
        var obj = this;
        var t = obj.offsetTop;
```

```
        var l = obj.offsetLeft;
        while (obj = obj.offsetParent) {
            t += obj.offsetTop;
            l += obj.offsetLeft;
        }
        tapX = event.pageX;
        tapY = event.pageY;
        //开始画圆
        cxt.beginPath();
        cxt.arc(tapX - l, tapY - t, 5, 0, Math.PI * 2, true);
        cxt.closePath();
        //填充圆的颜色
        cxt.fillStyle = "#666";
        cxt.fill();
        $tip.html("X: " + (tapX - l) + " Y: " + tapY);
    })
})
```

　　另外,在代码清单 8-5-1 中,<head>元素还包含了一个名为 8-5.css 的文件,在该文件中定义了画布的基本样式,代码如代码清单 8-5-3 所示。

代码清单 8-5-3　侦听 HTML 5 画布元素的触摸事件对应的 CSS 文件

```
canvas
{
    border:dashed 1px #666;
    cursor:pointer
}
```

3. 页面效果

　　该页面在 Opera Mobile Emulator 12.1 下执行的效果如图 8-5 所示。

4. 源码分析

　　在本实例的 JavaScript 代码中,首先,获取页面中的画布元素并保存在变量 cnv 中,并通过画布变量 cnv 取得画布的上下文环境对象保存在变量 cxt 中,接下来根据文档显示区的宽度与高度计算出画布显示时的宽度与高度,并分别保存在变量 w 和 h 中,再通过 attr()方法将这两个值赋予画布元素

　　然后,通过 bind()方法绑定画布元素的 tap 事件,在该事件中,先计算画布元素在屏幕中的坐标距离并保存至变量 t 和 l 中。l 表示横坐标,在计算该值时,先通过 offsetLeft 属性获取画布元素的左边距离,如果画布元素还存在父容器,则通过 while 语句,将父容器的左边距离与画布元素的左边

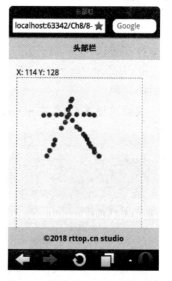

图 8-5　侦听 HTML 5 画布元素的触摸事件时的效果

距离相累加,并将最终值赋予变量 l;t 表示纵坐标,同样道理,将计算后的画布上边距离最终值赋予变量 t,另外,通过 tapX、tapY 两个变量分别记录触摸画布时返回的横坐标与纵坐标的值。

最后,开始画圆,圆的横坐标为触摸事件返回的横坐标值 tapX 减除画布在屏幕中的横坐标值 l,因为 tapX 变量值包含"l"变量值,两者相减后,就是画布中圆的真实横坐标值.同理,变量 tapY 与 t 相减后得到画布中圆的真实纵坐标值。根据获取的圆的坐标值,以 5 为半径,在画布中,调用 arc()方法,绘制一个 360°的圆形,并通过 fill()方法为圆形填充设置的颜色,再将圆形的坐标位置通过<span>元素显示在页面中。

说明:在开始计算画布的宽与高时,1.2 是一个常用值,读者可以自行调整,它的作用是使画布元素的宽与高能够很好地填充到屏幕中。

8.6 在 jQuery Mobile 中提交表单数据

提交表单数据是项目开发过程中的一项重要操作,在 jQuery Mobile 中,借助 jQuery 中的 serialize()方法,可以将表单中的每项数据字段序列化,并通过 $.ajax()方法,将序列化后的数据以异步的形式提交给服务端,服务器处理完成后,返回的信息可以在 $.ajax()方法的成功回调函数中进行处理,从而完成一次完整的表单数据请求。

接下来通过一个用户登录实例详细介绍使用表单提交数据的方法。

实例 8-6　在 jQuery Mobile 中提交表单数据

1. 功能说明

在新建的 HTML 页面中添加一个表单元素,在表单中增加两个用于输入用户名和密码的文本框元素,再增加一个用于登录的提交按钮,当用户完成用户名和密码的输入后,单击按钮时,如果登录成功,则显示"操作提示,登录成功!"的字样;否则,显示"用户名或密码错误!"。

2. 实现代码

在 WebStorm 开发工具中,新创建一个 HTML 页面 8-6.html,加入如代码清单 8-6-1 所示的代码。

代码清单 8-6-1　在 jQuery Mobile 中提交表单数据

```
<!DOCTYPE html>
<html>
<head>
    <title>在 jQuery Mobile 中提交表单数据</title>
    <meta name = "viewport" content = "width = device - width,
        initial - scale = 1" />
    <link href = "css/jquery.mobile - 1.4.5.min.css"
        rel = "Stylesheet" type = "text/css" />
    <script src = "js/jquery - 1.11.1.min.js"
        type = "text/javascript"></script>
    <script src = "js/jquery.mobile - 1.4.5.min.js"
        type = "text/javascript"></script>
```

```
< script src = "js/8 - 6. js"
         type = "text/javascript"></script >
</head >
< body >
  < div data - role = "page" id = "page1">
    < div data - role = "header"
        data - position = "fixed">
      < h1 >头部栏</h1 >
    </div >
    < div data - role = "main"
        class = "ui - content">
      < form id = "form1" name = "form1">
        < label for = "Name">用户名: </label >
        < input type = "text"
            name = "Name" id = "Name" value = ""/>
        < label for = "Pass">密码: </label >
        < input type = "password"
            name = "Pass" id = "Pass" value = ""/>
        < div id = "divTip"></div >
        < input type = "submit" name = "btnSub"
            id = "btnSub" value = "登录" />
      </form >
    </div >
    < div data - role = "footer"
        data - position = "fixed">
      < h4 >© 2018 rttop. cn studio </h4 >
  </div >
  </div >
</body >
</html >
```

在代码清单 8-6-1 中,< head >元素包含了一个名为 8-6. js 的文件,在该文件中,绑定"登录"按钮的单击事件,在该事件中,通过 $. ajax()方法提交表单的数据,其代码如代码清单 8-6-2 所示。

代码清单 8-6-2 在 jQuery Mobile 中提交表单数据对应的 js 文件

```
$ (function() {
    $ ("＃btnSub").click(function() {
        var frmData = $ ("＃form1").serialize();
        $ .ajax({
            type: "POST",
            url: "8 - 6.aspx",
            cache: false,
            data: frmData,
            success: function(data) {
                alert(data);
                if (data == "True") {
                    $ ("＃divTip").html("操作提示,登录成功!");
```

```
            }
            else {
                $ ("#divTip").html("用户名或密码错误!");
            }
        }
    })
    return false;
})
})
```

在代码清单 8-6-2 中,数据请求的服务端页面为 8-6.aspx,该页面的功能是获取前台页面序列化后的数据,简单处理完成后,返回前台页面一个数据信息,关键代码如代码清单 8-6-3 所示。

代码清单 8-6-3　在 jQuery Mobile 中提交表单数据对应的服务端文件(.NET 版)

```
...
string strName = Request["Name"];
string strPass = Request["Pass"];
bool blnLogin = false;
if (strName == "admin" && strPass == "123456")
    {
        blnLogin = true;
    }
Response.Clear();
Response.Write(blnLogin);
Response.End();
...
```

当然,请求的服务端页面也可以使用 PHP 来编写,功能相同,如代码清单 8-6-4 所示。

代码清单 8-6-4　在 jQuery Mobile 中提交表单数据对应的服务端文件(PHP 版)

```
<?php
    $ strName = $ _POST[Name];
    $ strPass = $ _POST[Pass];
    $ blnLogin = false;
    if(( $ strName = 'admin')&&( $ strPass = '123456')){
        $ blnLogin = true;
    }
    echo ( $ blnLogin);
?>
```

3. 页面效果

该页面在 Opera Mobile Emulator 12.1 下执行的效果如图 8-6 所示。

4. 源码分析

在本实例的 JavaScript 代码中,使用 $.ajax()方法提交表单数据前,先将整个表单的数据通过 serialize()方法进行了序列化,serialize()方法可以序列化表单值,创建 URL 编码文

图 8-6 显示在 jQuery Mobile 中提交表单数据时的效果

本字符串,该字符串可以在生成 Ajax 请求时查看,如本实例登录成功时,表单提交后的序列化字符串为"Name=admin&Pass=123456",该字符串将以"键/值"的形式与表单中全部数据字段相对应。

当服务端在完成数据的处理后,返回的数据信息可以通过 $.ajax() 方法中的成功回调函数获取,并根据该数据信息,做相应的显示。

8.7 开启或禁用按钮的可用状态

在使用 jQuery Mobile 开发移动项目过程中,有时需要对表单中的按钮进行动态的控制,例如,当用户在登录时,如果用户名和密码这两项的内容都为空,那么,"登录"按钮将是不可用的,而如果两项内容中至少一项不为空,那么,"登录"按钮将又是可用的。要实现这一效果,需要在 JavaScript 代码中,调用按钮的 button() 方法来实现。

接下来通过一个简单的实例详细介绍实现这一效果的过程。

实例 8-7 开启或禁用按钮的可用状态

1. 功能说明

新建一个 HTML 页面,在正文区域中添加一个"开关"组件和一个类型为 submit 的提交按钮,当用户滑动开关时,该按钮的可用性状态将随开关滑动值的变化而变化。

2. 实现代码

在 WebStorm 开发工具中,新创建一个 HTML 页面 8-7.html,加入如代码清单 8-7-1 所示的代码。

代码清单 8-7-1 开启或禁用按钮的可用状态

```
<!DOCTYPE html>
<html>
```

```
< head >
    < title >开启或禁用按钮的可用状态</title>
    < meta name = "viewport" content = "width = device - width,
        initial - scale = 1" />
    < link href = "css/jquery.mobile - 1.4.5.min.css"
        rel = "Stylesheet" type = "text/css" />
    < script src = "js/jquery - 1.11.1.min.js"
        type = "text/javascript"></script>
    < script src = "js/jquery.mobile - 1.4.5.min.js"
        type = "text/javascript"></script>
    < script src = "js/8 - 7.js"
        type = "text/javascript">
    </script >
</head >
< body >
  < div data - role = "page" id = "page1">
    < div data - role = "header"
        data - position = "fixed">
      < h1 >头部栏</h1>
    </div >
    < div data - role = "main"
        class = "ui - content">
      < select name = "slider"
          id = "slider"
          data - role = "slider">
        < option value = "1">开</option >
        < option value = "0">关</option >
      </select >
      < input type = "submit"
          name = "btnTmp"
          id = "btnTmp"
          value = "提交" />
    </div >
    < div data - role = "footer"
        data - position = "fixed" >
      < h4 >© 2018 rttop.cn studio </h4 >
    </div >
  </div >
</body >
</html >
```

在代码清单 8-7-1 中，< head >元素中包含了一个名为 8-7.js 的文件，在该文件中，通过绑定开关组件的 change 事件，实现动态开启或禁用按钮可用状态的功能，其代码如代码清单 8-7-2 所示。

代码清单 8-7-2　开启或禁用按钮的可用状态对应的 js 文件

```
$ (function() {
    $ ("#slider").bind("change", function() {
```

```
        if ( $ (this).val() == 0) {
            $('#btnTmp').button('disable');
        } else {
            $('#btnTmp').button('enable');
        }
    })
})
```

3. 页面效果

该页面在 Opera Mobile Emulator 12.1 下执行的效果如图 8-7 所示。

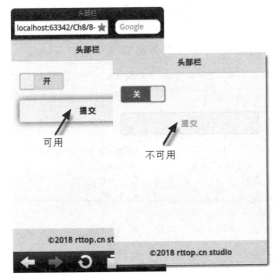

图 8-7　开启或禁用按钮的可用状态时的效果

4. 源码分析

在本实例的 JavaScript 代码中，先绑定开关组件的 change 事件，在该事件中，当用户从"开"状态切换至"关"状态时，开关组件的值为 0，此时，将按钮的可用状态通过 button() 方法设置为 disable 值，表示不可用；而当用户从"关"状态切换至"开"状态时，开关组件的值为 1，此时，再将按钮的可用值设置为 enable，表示可用。

根据上述实现过程，该效果可以在用户登录页面中使用，在使用过程中，触发按钮改变状态的是文本框中的值是否为空，如果都为空，则按钮的状态值为 disable；否则，为 enable。

说明：按钮中的 button() 方法只是针对表单中的按钮，即通过<input>元素指定类型来创建，而对<a>元素中通过 data-role 属性创建的按钮则无效。

8.8　开启或禁用 Ajax 的页面转换效果打开链接

在 jQuery Mobile 中，所有在同一域名下的页面链接都会自动转成 Ajax 请求，使用哈希值来指向内部的链接页面，通过动画效果实现页面间的切换。但这种链接方式仅限于目标页面是单个 page 容器，如果目标页面中存在多个 page 容器，必须禁止使用 Ajax 请求的方式进行链接,才能在打开目标页面之后,完成各个 page 之间的正常切换功能。

接下来通过一个简单的实例详细介绍这一方式的实现过程。

实例 8-8　开启或禁用 Ajax 的页面转换效果打开链接

1. 功能说明

新建两个 HTML 页面,一个作为链接源页面,另一个作为目标链接页,在链接源页面中,添加两个 page 容器,当切换至第二个容器并单击"更多"链接时,进入目标链接页,在该页中也添加了两个 page 容器,当切换到第二个容器并单击"返回"链接时,重返链接源页面。

2. 实现代码

在 WebStorm 开发工具中,新创建一个 HTML 页面 8-8. html,加入如代码清单 8-8-1 所示的代码。

代码清单 8-8-1　开启或禁用 Ajax 的页面转换效果打开链接

```html
<!DOCTYPE html>
<html>
<head>
    <title>开启或禁用 Ajax 方式打开页面链接</title>
    <meta name="viewport" content="width=device-width,
        initial-scale=1" />
    <link href="css/jquery.mobile-1.4.5.min.css"
        rel="Stylesheet" type="text/css" />
    <script src="js/jquery-1.11.1.min.js"
        type="text/javascript"></script>
    <script src="js/jquery.mobile-1.4.5.min.js"
        type="text/javascript"></script>
</head>
<body>
  <div data-role="page" id="page1_1">
    <div data-role="header"
        data-position="fixed">
      <div data-role="navbar">
        <ul>
          <li>
            <a href="#page1_1"
              class="ui-btn-active">图书</a>
          </li>
          <li>
            <a href="#page1_2">音乐</a>
          </li>
        </ul>
      </div>
    </div>
    <div data-role="main"
        class="ui-content">
      <p>这是图书页</p>
    </div>
```

```
        < div data – role = "footer"
            data – position = "fixed">
          < h4 >© 2018 rttop.cn studio </h4>
      </div>
    </div>
    < div data – role = "page" id = "page1_2">
      < div data – role = "header"
          data – position = "fixed">
      < div data – role = "navbar">
        < ul >
          < li >
            < a href = " # page1_1">图书</a>
          </li>
          < li >
            < a href = " # page1_2"
                class = "ui – btn – active">音乐</a>
          </li>
          </ul>
        </div>
      </div>
      < div data – role = "main"
          class = "ui – content">
        < p >这是音乐页
          < a href = "target.html"
            data – ajax = "false">更多
          </a>
      </p>
      </div>
      < div data – role = "footer"
          data – position = "fixed">
        < h4 >© 2018 rttop.cn studio </h4>
    </div>
    </div>
  </body>
</html>
```

在代码清单 8-8-1 中，单击"更多"链接时，进入目标链接页 target.html，为此，新建另外一个 HTML 页面 target.html，加入如代码清单 8-8-2 所示的代码。

代码清单 8-8-2　开启或禁用 Ajax 方式打开页面链接的目标链接页

```
<!DOCTYPE html >
< html >
< head >
    < title >开启或禁用 Ajax 方式打开页面链接</title>
    < meta name = "viewport" content = "width = device – width,
        initial – scale = 1" />
    < link href = "css/jquery.mobile – 1.4.5.min.css"
        rel = "Stylesheet" type = "text/css" />
    < script src = "js/jquery – 1.11.1.min.js"
```

```
            type = "text/javascript"></script>
      < script src = "js/jquery.mobile - 1.4.5.js"
            type = "text/javascript"></script>
</head>
< body >
  < div data - role = "page" id = "page2_1">
    < div data - role = "header">
      < div data - role = "navbar">
        < ul >
          < li >< a href = " # page2_1"
                class = "ui - btn - active">流行</a></li>
          < li >< a href = " # page2_2">通俗</a></li>
        </ul>
      </div>
    </div>
    < div data - role = "content">
        <p>这是音乐中的流行歌曲页</p>
    </div>
    < div data - role = "footer"
          data - position = "fixed">
      < h4 >© 2018 rttop.cn studio </h4 ></div>
  </div>
  < div data - role = "page" id = "page2_2">
    < div data - role = "header">
      < div data - role = "navbar">
        < ul >
          < li >< a href = " # page2_1">流行</a></li>
          < li >< a href = " # page2_2"
                class = "ui - btn - active">通俗</a></li>
        </ul>
      </div>
    </div>
    < div data - role = "content">
      <p>这是音乐中的通俗歌曲页,
          < a href = "8 - 8.html"
              data - ajax = "false">返回</a></p>
    </div>
    < div data - role = "footer"
          data - position = "fixed">
      < h4 >© 2018 rttop.cn studio </h4 ></div>
  </div>
</body>
</html>
```

3. 页面效果

该页面在 Opera Mobile Emulator 12.1 下执行的效果如图 8-8 所示。

4. 源码分析

在本实例中,由于链接源页面与目标链接页间,都放置了多个 page 容器,如果按照默认

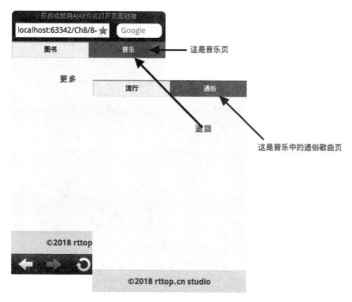

图 8-8 开启或禁用 Ajax 方式打开页面链接时的效果

的方式使用 Ajax 请求页面链接,那么,它在打开目标页时,只能显示默认的第一个容器,而打开其他容器的链接将无效,这是由于使用 Ajax 记录链接历史的哈希值与页面内部链接指向的哈希值存在冲突所致,因此,为了解决这个问题,在链接多容器的目标页时,需要将链接元素的 data-ajax 属性值设置为 false,告知浏览器将目标链接页刷新一次,清除 URL 中的 Ajax 值,从而实现多容器的目标页中,各容器间的正常切换效果。

另外,要在链接中禁用 Ajax 请求,除在链接元素中将 data-ajax 属性值设置为 false 之外,还可以将 rel 属性值设置为 external 或增加 target 属性,但在使用时,还是有侧重点,rel 和 target 属性偏重于链接的目标页是其他域名下的页面,而 data-ajax 属性偏重于链接的目标页是在同一域名下,仅是告知浏览器,禁止启用 Ajax 请求的方式进行链接。

8.9 使用 localStorage 传递链接参数

在使用 jQuery Mobile 开发移动项目过程中,常常需要在 page 容器或页面间传递链接参数,使用传统的 URL 方式传递链接参数对于一个 HTML 静态页来说,有诸多不便,代码实现相对复杂,兼容性不强。考虑到 jQuery Mobile 是完全基于 HTML 5 标准开发的,因此,可以使用 HTML 5 中的 localStorage 对象来实现链接参数值的传递。

接下来通过一个完整的实例详细介绍使用 localStorage 对象来实现传递链接参数的过程。

实例 8-9 使用 localStorage 传递链接参数

1. 功能说明

新建一个 HTML 页面,添加两个 page 容器,当在第一个容器中单击"传值"链接时,通过 localStorage 对象设置该值,页面切换至第二个容器中,并显示 localStorage 对象保存的值。

2. 实现代码

在 WebStorm 开发工具中，新创建一个 HTML 页面 8-9. html，加入如代码清单 8-9-1 所示的代码。

代码清单 8-9-1　使用 localStorage 传递链接参数

```html
<!DOCTYPE html>
<html>
<head>
    <title>使用 localStorage 传递链接参数</title>
    <meta name = "viewport" content = "width = device - width,
        initial - scale = 1" />
    <link href = "css/jquery.mobile - 1.4.5.min.css"
        rel = "Stylesheet" type = "text/css" />
    <script src = "js/jquery - 1.11.1.min.js"
        type = "text/javascript"></script>
    <script src = "js/jquery.mobile - 1.4.5.min.js"
        type = "text/javascript"></script>
    <script src = "js/8 - 9.js"
        type = "text/javascript"></script>
</head>
<body>
  <div data - role = "page" id = "page1">
    <div data - role = "header"
        data - position = "fixed">
      <h1>头部栏</h1>
    </div>
    <div data - role = "main"
        class = "ui - content">
    </div>
    <div data - role = "footer"
        data - position = "fixed">
      <h4>© 2018 rttop.cn studio</h4>
    </div>
  </div>
  <div data - role = "page" id = "page2">
    <div data - role = "header"
        data - position = "fixed">
      <h1>头部栏</h1>
    </div>
    <div data - role = "main"
        class = "ui - content">
    </div>
    <div data - role = "footer"
        data - position = "fixed">
      <h4>© 2018 rttop.cn studio</h4>
    </div>
  </div>
</body>
</html>
```

在代码清单 8-9 中，<head>元素包含了一个名为 8-9.js 的文件，在该文件中，通过绑定容器的 pagecreate 事件，实现调用 localStorage 对象传值的功能，其代码如代码清单 8-9-2 所示。

代码清单 8-9-2 使用 localStorage 传递链接参数对应的 js 文件

```
var rttophtml5mobi = {
    author: 'tgrong',
    version: '1.0',
    website: 'http://www.rttop.cn'
}
rttophtml5mobi.install = {
    setParam: function(name, value) {
        localStorage.setItem(name, value)
    },
    getParam: function(name) {
        return localStorage.getItem(name)
    }
}
$(document).on("pagecreate","#page1", function() {
    var $content = $(this).find('div[data-role="main"]');
    var $strhtml = '<a href="#page2" data-id="50000">
                    传值</a>';
    $content.html($strhtml);
    $content.delegate('a', 'click', function(e) {
        rttophtml5mobi.install.setParam('p_link_id',
        $(this).data('id'))
    })
})
$(document).on("pagecreate","#page2", function() {
    var $content = $(this).find('div[data-role="main"]');
    var $strhtml = '传回的值是: ';
    var $p_link_id = rttophtml5mobi.install
                    .getParam('p_link_id'); ;
    $content.html($strhtml + $p_link_id);
})
```

3．页面效果

该页面在 Opera Mobile Emulator 12.1 下执行的效果如图 8-9 所示。

4．源码分析

在本实例的 JavaScript 代码中，首先，定义一个名为 rttophtml5mobi 的对象，设置一些基础的内容值。在接下来的 install 对象中，定义了两个方法：一个为 setParam，即调用 localStorage 对象中的 setItem()方法设置参数名称和值；另一个为 getParam，即调用 localStorage 对象中的 getItem()方法获取设置的对应参数值。

然后，在 page1 容器的 pagecreate 事件中，先获取正文区域元素，并设置一个带链接元素的字符串内容，将该内容显示在元素中；同时，使用 delegate()方法，绑定链接元素的单击事件，在该事件中，调用自定义的 setParam()方法，设置需要传递的参数值。

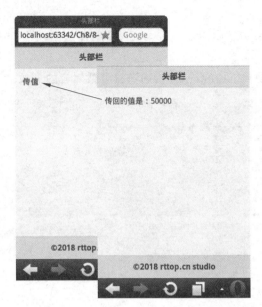

图 8-9　使用 localStorage 传递链接参数时的效果

最后,在 page2 容器的 pagecreate 事件中,先获取正文区域元素,然后,调用自定义的 getParam()方法,获取传递来的参数值,并将它显示在元素中。

说明:在设置的链接字符串中,先为元素添加了一个 data-id 属性,该属性可以修改为 "data-"加任意字母的格式,然后,则可以通过调用 data()方法,获取该属性的值。

8.10　在 jQuery Mobile 中构建离线功能

在 HTML 5 中,调用新增缓存机制,可以在线时将对应文件缓存在本地,离线时调用这些本地文件,从而实现页面或数据在离线后仍可以访问或读取的功能,在 jQuery Mobile 开发移动项目时,也能借助 HTML 5 的离线功能,实现应用的离线访问,接下来,通过一个简单离线页面的开发,详细介绍该功能的实现过程。

实例 8-10　在 jQuery Mobile 中构建离线功能

1. 功能说明

新建一个 HTML 页面,在正文区域中,增加一个<p>元素和<div>元素,前者用于显示一段文字内容,后者用于显示网络的当前状态。该页面除可以在网络正常时访问外,还可以在离线时访问,如果是离线访问,那么,网络状态将显示"离线";否则,显示"在线"字样。

2. 实现代码

在 WebStorm 开发工具中,新创建一个 HTML 页面 8-10. html,加入如代码清单 8-10-1 所示的代码。

代码清单 8-10-1　在 jQuery Mobile 中构建离线功能

```
<!DOCTYPE html >
< html manifest = "cache.manifest">
```

```
< head >
    <title>在 jQuery Mobile 中构建离线功能</title>
    < meta name = "viewport" content = "width = device - width,
        initial - scale = 1" />
    < link href = "css/8 - 10.css"
        rel = "Stylesheet" type = "text/css" />
    < link href = "css/jquery.mobile - 1.4.5.min.css"
        rel = "Stylesheet" type = "text/css" />
    < script src = "js/jquery - 1.11.1.min.js"
        type = "text/javascript"></script>
    < script src = "js/jquery.mobile - 1.4.5.min.js"
        type = "text/javascript"></script>
    < script src = "js/8 - 10.js"
        type = "text/javascript">
    </script >
</head >
< body >
  < div data - role = "page" id = "page1">
    < div data - role = "header"
        data - position = "fixed">
      < h1 >头部栏</h1 >
    </div >
    < div data - role = "main"
        class = "ui - content">
      < p >    
        rttop.cn 是一家新型高科技企业,正在努力实现飞翔的梦想.
      </p >
      < div class = "status"></div >
    </div >
    < div data - role = "footer"
        data - position = "fixed">
      < h4 >© 2018 rttop.cn studio </h4 >
  </div >
  </div >
</body >
</html >
```

在代码清单 8-10-1 中,< head >元素包含了一个名为 8-10.js 的文件,在该文件中,绑定
page1 容器的 pagecreate 事件,在该事件中,根据网络状态,显示不同内容,其代码如代码清
单 8-10-2 所示。

代码清单 8-10-2　在 jQuery Mobile 中构建离线功能对应的 js 文件

```
$ (document).on("pagecreate", "#page1", function () {
    if (navigator && navigator.online === false) {
        $ (".status").html("离线");
    }
    else {
        $ (".status").html("在线");
    }
})
```

在代码清单 8-10-1 中,<head>元素包含了一个名为 8-10.css 的文件,用于控制显示网络状态内容元素的样式,其代码如代码清单 8-10-3 所示。

代码清单 8-10-3　在 jQuery Mobile 中构建离线功能对应的 CSS 文件

```
.status
{
    float:right;font - style:italic;
    font - family:黑体; font - size:14px;
    padding - right:10px
}
```

此外,在代码清单 8-10-1 中,<html>元素通过 manifest 属性绑定了一个名为 cache.manifest 的缓存列表文件,用于列出在线时需要缓存的文件,其代码如代码清单 8-10-4 所示。

代码清单 8-10-4　在 jQuery Mobile 中构建离线功能对应的缓存列表文件

```
CACHE MANIFEST
# version 0.0.1
NETWORK:
*
CACHE:
css/jquery.mobile - 1.4.5.min.css
css/8 - 10.css
js/8 - 10.js
js/jquery - 1.11.1.min.js
js/jquery.mobile - 1.4.5.min.js
css/images/ajax - loader.png
css/images/icons - 18 - black.png
css/images/icons - 18 - white.png
css/images/icons - 36 - black.png
css/images/icons - 36 - white.png
css/images/icon - search - black.png
```

3. 页面效果

该页面在 Opera Mobile Emulator 12.1 下执行的效果如图 8-10 所示。

4. 源码分析

在本实例的 JavaScript 代码中,编写页面容器 page1 的 pagecreate 事件,在该事件中,通过调用 navigator 对象的 onLine 属性,判断当前的网络状态,在页面中显示不同的内容值。

另外,由于页面绑定了一个缓存列表清单文件,因此,当首次在线访问该页面时,浏览器将请求返回文件中全部的资源文件,并将新获取的资源文件更新至本地缓存中,当浏览器再次访问该页面时,如果 cache.manifest 文件没有发生变化,将直接调用本地的缓存,响应用户的请求,从而实现浏览访问页面的功能。

说明:从目前各主要手机端浏览器来看,对页面离线功能的支持并不好,仅有少数浏览器支持。但随着今后各手机浏览厂商的不断升级,应用程序的离线支持功能将会越来越好。

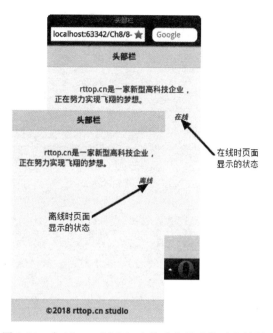

图 8-10　在 jQuery Mobile 中构建离线功能时的效果

8.11　本章小结

在 jQuery 框架中，jQuery Mobile 针对移动终端的应用开发，作为一项全新的技术，虽然相对于新手来说，学习成本要远低于其他移动开发设备应用的语言，但在实际的开发过程中，还是会出现诸多初级的问题。本章列举了初学者在开发过程中的常见问题，并通过理论与实例相结合的方式，逐一进行解答。通过本章的学习，开发人员可以在实践中少走弯路，不断提升使用 jQuery Mobile 开发移动应用的效率。

第二部分

经典案例

第 9 章

开发移动终端新闻订阅管理系统

本章学习目标
- 掌握开发移动端项目的常用流程；
- 了解并掌握页面与服务端接口交互的过程；
- 理解使用 jQuery Mobile 开发移动端项目的步骤。

9.1 需求分析

在本系统中,需要实现的需求包括以下几个方面。

（1）在进入系统前,先浏览封面页,停留 3s 后自动进入首页。

（2）在首页中,显示用户自己订阅的新闻类别,单击某类别时,进入相应的类别页；当用户在首页单击"管理订阅"按钮时,进入订阅管理页。

（3）在类别新闻页中,浏览该类别中的今日图片与列表新闻,单击图片或列表中的某选项时,进入对应的新闻详细页。

（4）在订阅管理页中,以列表的方式,展示用户自己还没有订阅的新闻类别,当用户单击列表中最右侧的"添加"按钮时,即完成了订阅功能。

（5）在新闻的详细页中,显示某条新闻的对应主题、加入时间、来源、正文信息。

9.1.1 总体设计

考虑到移动终端设备中各浏览器的复杂特性和与 PC 端在机器性能、网络环境的诸多差异,在使用 jQuery Mobile 开发移动应用项目时,必须把握下面几个主要方面。

（1）易操作。由于移动设备的屏幕特征,必须使开发出来的功能容易操作。

（2）体积小。由于大部分的移动设备在使用上网服务时,需要根据流量来计费,因此,如果项目在使用时,加载的数据过大,将会消耗用户很高的流量。

（3）性能好。必须让用户在使用移动网络时,数据的交互流畅、安全,因此,不应过多请求服务器的数据,应尽可能使用本地或 CDN 缓存技术实现数据交互。

综合上述各方面的原因,并考虑到整体的实际需求,本系统的总体设计如图 9-1 所示。

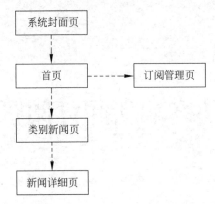

图 9-1 移动终端新闻订阅管理系统总体设计示意图

在图 9-1 中,列出了系统的功能和操作流程,本系统有 5 个功能,分别由系统封面页、首页、订阅管理页、类别新闻页、新闻详细页实现。在操作流程上,先通过系统封面页进入首页,在首页中可以进入类别新闻页和订阅管理页,只有在类别新闻页中,才能进入新闻详细页。

9.1.2 功能设计

本系统针对需求分析,使用 jQuery Mobile 开发了 5 项功能,说明如下。

(1)系统封面页。通过使用 JavaScript 中计时器的功能,在指定的时间内,自动跳转到首页中。

(2)首页。通过在页面中添加一个 page 容器,在绑定的容器 pagecreate 事件中,将 API 获取的指定数据,显示在容器中的列表元素中,并添加一个按钮,单击时,进入订阅管理页。

(3)订阅管理页。在该页中获取用户已订阅的新闻类别,并与全部类别相比较,将未订阅的新闻类别,以列表的形式显示在 page 容器中,当单击列表右侧"添加"按钮时,更新用户已订阅的新闻类别信息,并刷新当前容器。

(4)类别新闻页。该页由上下两部分组成,上面展示一张本类别的专属图片,图片的下面以列表的形式显示本类别下的全部新闻标题,单击新闻标题后,进入该新闻的详细内容页。

(5)新闻详细页:在该页中,接收 localStorage 对象传回的新闻 id 号,并根据该 id 号,调用 API 获取对应新闻的详细内容,并显示在页面指定的各元素中。

9.2 数据结构

本系统的数据结构流程是使用数据库中的三个表保存项目中对应的数据,通过服务端代码(如.NET、PHP、JSP 等)获取数据库中的数据,并以 API 接口的形式,将转换后的

JSON 格式数据返回给调用的 HTML 前端页面,页面接收传回的 JSON 数据,按格式进行组织,显示在页面中。

9.2.1 总体设计

在名为 news_mobile 的数据库中新建 3 个表,对应名称为 imgnews_data、news_cate、news_data,分别用于保存新闻图片、新闻类别和详细的新闻数据,其完整的结构如下。

(1)新闻图片表(imgnews_data),该表用于存放含有图片的新闻,其结构如表 9-1 所示。

表 9-1 新闻图片表(imgnews_data)结构

字段名	描述	类型	长度	是否为空	是否为主键
imgnews_id	记录 id 号	int	4	否	是,自增项
imgnews_imgurl	图片 URL	nvarchar	50	是	否
news_id	新闻 id 号	int	4	否	否,是外键

新闻图片表(imgnews_data)在数据库中生成的脚本代码如下。

```
CREATE TABLE [dbo].[imgnews_data]
(
    [imgnews_id] int IDENTITY(8,1) NOT NULL ,
    [imgnews_imgurl] nvarchar(50) NULL ,
    [news_id] int NOT NULL
)
ON [PRIMARY];
```

新闻图片表(imgnews_data)在数据库中的示例数据如图 9-2 所示。

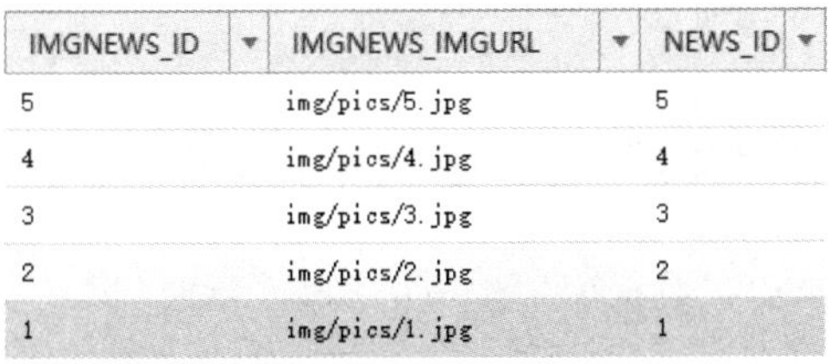

IMGNEWS_ID	IMGNEWS_IMGURL	NEWS_ID
5	img/pics/5.jpg	5
4	img/pics/4.jpg	4
3	img/pics/3.jpg	3
2	img/pics/2.jpg	2
1	img/pics/1.jpg	1

图 9-2 新闻图片表(imgnews_data)中的示例数据

(2)新闻类别表(news_cate),该表用于存放新闻的全部类别,其结构如表 9-2 所示。

表 9-2 新闻类别表(news_cate)结构

字段名	描述	类型	长度	是否为空	是否为主键
news_cateid	记录 id 号	int	4	否	是,自增项
news_iconurl	类别图标 URL	nvarchar	50	是	否
news_catename	类别名称	nvarchar	50	否	否
news_catedesc	类别描述	nvarchar	500	是	否

新闻类别表(news_cate)在数据库中生成的脚本代码如下。

```
CREATE TABLE [dbo].[news_cate]
(
    [news_cateid] int IDENTITY(5,1) NOT NULL ,
    [news_iconurl] nvarchar(50) NULL ,
    [news_catename] nvarchar(50) NOT NULL ,
    [news_catedesc] nvarchar(500) NULL
)
ON [PRIMARY];
```

新闻类别表(news_cate)在数据库中的示例数据如图 9-3 所示。

NEWS_CATEID	NEWS_ICONURL	NEWS_CATENAME	NEWS_CATEDESC
5	img/icon/5.png	教育	洞察最深远育人方法
4	img/icon/4.png	娱乐	浏览娱乐时尚资讯
3	img/icon/3.png	经济	探访经济热点
2	img/icon/2.png	科技	追踪前沿科技
1	img/icon/1.png	头条	关注最新最热的新闻

图 9-3　新闻类别表(news_cate)中的示例数据

(3) 新闻数据表(news_data)用于存放含全部新闻的数据信息,其结构如表 9-3 所示。

表 9-3　新闻数据表(news_data)结构

字 段 名	描　述	类型	长度	是否为空	是否为主键
news_id	记录 id 号	int	4	否	是,自增项
news_title	新闻主题	nvarchar	50	否	否
news_content	新闻内容	nvarchar	500	否	否
news_source	新闻来源	nvarchar	50	否	否
news_cateid	新闻类别 id 号	int	4	否	否,是外键
news_adddate	新闻增加时间	datetime	8	否	否

新闻数据表(news_data)在数据库中生成的脚本代码如下。

```
CREATE TABLE [dbo].[news_data]
(
    [news_id] int IDENTITY(8,1) NOT NULL ,
    [news_title] nvarchar(50) NOT NULL ,
    [news_content] nvarchar(500) NOT NULL ,
    [news_source] nvarchar(50) NOT NULL ,
    [news_cateid] int NOT NULL ,
    [news_adddate] datetime NOT NULL
)
ON [PRIMARY];
```

新闻数据表(news_data)在数据库中的示例数据如图 9-4 所示。

NEWS_ID	NEWS_TITLE	NEWS_CONTENT	NEWS_SOURCE	NEWS_CATEID	NEWS_ADDDATE
8	华为准备在俄罗斯建	据俄罗斯卫星通讯社报道	荣拓新闻	1	2019-04-30 15:52:56.133
7	谷歌第一款智能手表	外媒称，传闻已久的谷歌	荣拓新闻	1	2019-05-06 15:50:54.437
5	教育-1	内容-1	荣拓新闻	5	2019-05-09 19:20:38.107
4	娱乐-1	内容-1	荣拓新闻	4	2019-05-05 17:21:32.160
3	经济-1	内容-1	荣拓新闻	3	2019-05-03 12:24:34.137
2	科技-1	内容-1	荣拓新闻	2	2019-05-01 15:23:34.127
1	移动端开发选择H5还	2018 年是小程序蓬勃发	荣拓新闻	1	2019-05-01 10:22:34.117

图 9-4　新闻数据表(news_data)中的示例数据

9.2.2　输出 API 设计

除通过数据库存储数据之外，本系统还提供了数据输出的 API 接口，用于前端 HTML 页面的调用，根据系统的功能描述，需要设计 4 个相对应的 API 接口，详细说明如下。

（1）用于首页和订阅管理页的全部新闻类别输出，URL 地址如下。

```
http://api.rttop.cn/api/NewsApi.ashx?act = index
```

其中，NewsApi.ashx 为.NET 中的一般处理程序，读者可以自行选择服务器端语言开发，act 为操作类型参数，该接口返回的 JSON 数据如图 9-5 所示。

{"Table": [{"news_cateid": 1, "news_catename": "头
条", "news_iconurl": "img\/icon\/1.png", "news_catedesc": "关注最新最热的新闻"},
{"news_cateid": 2, "news_catename": "科
技", "news_iconurl": "img\/icon\/2.png", "news_catedesc": "追踪前沿科技"},
{"news_cateid": 3, "news_catename": "经
济", "news_iconurl": "img\/icon\/3.png", "news_catedesc": "探访经济热点"},
{"news_cateid": 4, "news_catename": "娱
乐", "news_iconurl": "img\/icon\/4.png", "news_catedesc": "浏览娱乐时尚资讯"},
{"news_cateid": 5, "news_catename": "教
育", "news_iconurl": "img\/icon\/5.png", "news_catedesc": "洞察最深远育人方法"}]}

图 9-5　全部新闻类别的 JSON 格式数据

（2）用于类别列表页中某类别中图片新闻的输出，URL 地址如下。

```
http://api.rttop.cn/api/NewsApi.ashx?act = cate_img&cateid = 1
```

其中，act 为操作类型参数，如果该参数的值为 cate_img，表示类别下的图片新闻；cateid 为类别 id 号参数，用于指定类别的 id 号值，通过该接口返回的 JSON 数据如图 9-6 所示。

{"Table":
[{"news_id":1,"imgnews_imgurl":"img\/pics\/1.jpg","news_cateid":1,"news_cate
name":"头条","news_title":"移动端开发选择H5还是小程序？"}]}

图 9-6　头条类别图片新闻的 JSON 格式数据

（3）用于类别新闻页中某类别下全部新闻的输出，URL 地址如下。

```
http://api.rttop.cn/api/NewsApi.ashx?act = cate_lst&cateid = 1
```

其中,act 为操作类型参数,如果该参数的值为 cate_lst,表示类别下的全部新闻;cateid 为类别 id 号参数,用于指定类别的 id 号值,通过该接口返回的 JSON 数据如图 9-7 所示。

{"Table": [{"news_id": 1, "news_title": "移动端开发选择H5还是小程序?", "news_cateid": 1, "news_catename": "头条"},
{"news_id": 7, "news_title": "谷歌第一款智能手表3月或6月上市", "news_cateid": 1, "news_catename": "头条"},
{"news_id": 8, "news_title": "华为准备在俄罗斯建立5G网络", "news_cateid": 1, "news_catename": "头条"}]}

图 9-7 头条类别下全部新闻的 JSON 格式数据

用于某条新闻详细内容数据输出,URL 地址如下。

```
http://api.rttop.cn/api/NewsApi.ashx?act = detail&newsid = 1
```

其中,act 为操作类型参数,如果该参数的值为 detail,表示获取指定 id 号的新闻详细数据;newsid 为新闻 id 号参数,通过该接口返回的 JSON 数据如图 9-8 所示。

{"Table": [{"news_title": "移动端开发选择H5还是小程序?", "news_content": "2018 年是小程序蓬勃发展的一年,各大公司如腾讯、阿里、百度、头条等都陆续推出了自己的小程序,小程序已成为一个未来必然的趋势,移动互联网的新风口。据数据统计,目前已上线的微信小程序已超过100 万,支付宝小程序、钉钉 E 应用、百度智能小程序、头条小程序等也在不断发力。", "news_source": "荣拓新闻", "news_adddate": "2019/5/1 10: 22: 34", "news_catename": "头条", "news_id": 1}]}

图 9-8 某条新闻详细内容的 JSON 格式数据

说明:在编写 API 输出 JSON 格式数据时,为了数据交互的安全性,可以对中文字符、关键内容进行加密或转换处理。同时,如需返回大量数据,必须根据页码分段输出,以提升数据交互的效率。

9.3 系统封面开发

本系统既可以通过移动终端的浏览器直接浏览,也能以嵌入页面的方式,打包成 apk 或其他应用程序,如果是后者,那么,在进入首页之前,常常有一个系统封面页,用于声明系统版权或推广产品,3~5s 后,自动跳转到系统首页。

1. 功能说明

新建一个 HTML 页面,添加一个 page 容器,并在容器中添加一个<div>和多个<p>元素,用于显示系统封面文字和图标信息,并将容器中的标题栏与底部栏设置为悬浮状。

2. 实现代码

在 WebStorm 开发工具中,新创建一个 HTML 页面 load. html,加入如代码清单 9-3-1 所示的代码。

代码清单 9-3-1 系统封面开发

```html
<!DOCTYPE html>
<html>
<head>
```

```
        <title>封面页_荣拓移动新闻系统</title>
        <meta name = "viewport" content = "width = device - width,
            initial - scale = 1" />
        <link href = "css/rttopHtml5.css"
            rel = "stylesheet" type = "text/css"/>
        <link href = "css/jquery.mobile - 1.4.5.min.css"
            rel = "Stylesheet" type = "text/css"/>
        <script src = "js/jquery - 1.11.1.min.js"
            type = "text/javascript"></script>
        <script src = "js/jquery.mobile - 1.4.5.min.js"
            type = "text/javascript"></script>
    </head>
    <body>
        <div data - role = "page" id = "load_index">
            <div data - role = "header"
                data - position = "fixed">
                <h4>荣拓新闻</h4>
            </div>
            <p class = "border_p01"></p>
            <div class = "load">
                <p class = "t">
                    报道真实的新闻内容
                </p>
                <p>
                    <img src = "images/load.png"
                        alt = ""/>
                </p>
                <p class = "l">正在加载数据…</p>
            </div>
            <div data - role = "footer"
                data - position = "fixed">
                <h1>© 2018 rttop.cn studio</h1>
            </div>
        </div>
        <script src = "js/rttopHtml5.base.js"
            type = "text/javascript"></script>
        <script src = "js/rttopHtml5.news.js"
            type = "text/javascript"></script>
    </body>
</html>
```

在代码清单 9-3-1 中，包含了两个 js 文件，分别为 rttopHtml5.base.js 和 rttopHtml5.news.js，rttopHtml5.base.js 文件用于设置系统的一些基础属性值和定义设置与获取 localStorage 对象键名、键值的方法，该文件的代码如代码清单 9-3-2 所示。

代码清单 9-3-2　系统封面开发所对应的 rttopHtml5.base.js 文件

```
var rttophtml5mobi = {
    author: 'tgrong',
```

```
    version: '1.0',
    website: 'http://api.rttop.cn/'
}
rttophtml5mobi.utils = {
    setParam: function(name, value) {
        localStorage.setItem(name, value)
    },
    getParam: function(name) {
        return localStorage.getItem(name)
    }
}
```

此外，rttopHtml5.news.js 文件用于通过 jQuery Mobile 框架实现各页面的对应功能，它包含了本系统中全部页面各功能模块实现的 JavaScript 代码，在该文件中，用于实现系统封面的代码如代码清单 9-3-3 所示。

代码清单 9-3-3   rttopHtml5.base.js 文件中实现系统封面功能对应的代码

```
//封面页面创建事件
function changepage() {
    window.location.href = "index.html";
}
$(document).on("pagecreate",'#load_index', function() {
    var id = setInterval("changepage()", 3000);
})
…省略其他与本页面功能不相关的代码
```

3. 页面效果

该页面在 Opera Mobile Emulator 12.1 下执行的效果如图 9-9 所示。

图 9-9   新闻订阅系统中封面页的效果

4. 源码分析

在实现本页面功能的 JavaScript 代码中,为了使页面能在设定的时间内跳转至首页,先创建一个自定义的函数 changepage(),在该函数中,通过设置 window 对象的 location. href 路径值,实现当前页面的转向功能;然后,在本页面绑定的 pagecreate 事件中,调用 setInterval()方法,在该方法中隔 3s 将自动执行自定义函数 changepage(),从而实现自动页面跳转的功能。

9.4 系统首页开发

在系统封面页停留 3s 之后,便进入系统首页,在首页中显示用户已订阅的新闻类别列表与总数量,如果用户需要订阅其他类别新闻,可以单击首页中的"订阅管理"按钮,进入订阅管理页进行更多类别的新闻订阅。

1. 功能说明

新建一个 HTML 页面,在页面中添加一个 page 容器,并在容器中添加一个带计数器的< ul >列表元素,用于显示用户已订阅的各类别新闻总量和列表,同时,增加一个< a >元素的按钮,用于单击时进入订阅管理页。

2. 实现代码

在 WebStorm 开发工具中,新创建一个 HTML 页面 index. html,加入如代码清单 9-4-1 所示的代码。

代码清单 9-4-1 系统首页开发

```
<!DOCTYPE html >
< html >
< head >
    < title >首页_荣拓移动新闻系统</title >
    < meta name = "viewport" content = "width = device - width,
        initial - scale = 1"/>
    < link href = "css/rttopHtml5.css"
        rel = "stylesheet" type = "text/css"/>
    < link href = "css/jquery.mobile - 1.4.5.min.css"
        rel = "Stylesheet" type = "text/css"/>
    < script src = "js/jquery - 1.11.1.min.js"
        type = "text/javascript"></script >
    < script src = "js/jquery.mobile - 1.4.5.min.js"
        type = "text/javascript"></script >
</head >
< body >
    < div data - role = "page" id = "index_index">
        < div data - role = "header"
            data - position = "fixed">
            < h4 >荣拓新闻</h4 >
        </div >
        < p class = "border_p01"></p >
```

```
        < ul data - role = "listview"></ul >
        < a href = "newsub.html"
           data - mini = "true"
           data - role = "button"
           data - icon = "plus">订阅管理</a>
        < div data - role = "footer"
            data - position = "fixed">
           < h1 >© 2018 rttop.cn studio </h1 >
        </div >
     </div >
     < script src = "js/rttopHtml5.base.js"
           type = "text/javascript"></script >
     < script src = "js/rttopHtml5.news.js"
           type = "text/javascript"></script >
</body >
</html >
```

在本系统的全局 JavaScript 文件 rttopHtml5.news.js 中,用于实现系统首页的代码如代码清单 9-4-2 所示。

代码清单 9-4-2　rttopHtml5.base.js 文件中实现系统首页功能对应的代码

```
……省略其他与本页面功能不相关的代码
//首页面创建事件
$ (document).on("pagecreate",'#index_index', function() {
    var $ li = "";
    var $ strSubStr = "";
    var intSubNum = 0;
    var $ webSite = mob.website;
    var $ webUrl = $ webSite +
        'api/NewsApi.ashx?act = index';
    var $ listview = $ (this).find('ul[data - role = "listview"]');
    var $ tpl_Index_List = function( $ p_array, $ p_items) {
        if (mob.utils.getParam('user_sub_str') != null) {
            $ strSubStr = mob.utils.getParam('user_sub_str');
            var $ arrSubStr = new Array();
            $ arrSubStr = $ strSubStr.split(",");
            intSubNum = $ arrSubStr.length - 1;
            for (var i = 0; i < $ arrSubStr.length - 1; i++) {
                $ .each( $ p_items.Table, function(index, item) {
                    if (item.news_cateid == $ arrSubStr[i]) {
                        $ li = '< li class = "lst"
                        data - icon = "false">' +
                        '< a href = "newscate.html" ' +
                        'data - ajax = "false" data - catename = "' +
                        item.news_catename + '" data - id = "' +
                        item.news_cateid + '"
                        style = "margin:0px;padding - left:60px">' +
                        '< img src = "' +
```

```
                              $ webSite + item.news_iconurl + '" alt = "" />' +
                      '< h3 >' + item.news_catename + '</h3 >' +
                          '< p >' + item.news_catedesc + '</p></li>';
                              $ p_array.push( $ li);
                      }
                  })
          }
      } else {
          $ li = '< li style = "text - align:center">
          您还没有订阅任务类型新闻!</li>';
          $ p_array.push( $ li);
      }
  }
  var $ lst_Index_List = function() {
      $ .getJSON( $ webUrl, {},
      function(response) {
          var li_array = [];
          $ tpl_Index_List(li_array, response);
          var strTitle = '< li data - role = "list - divider">' +
          '我的订阅< span class = "ui - li - count">' +
          intSubNum + '</span></li>';
          $ listview.html(strTitle + li_array.join(''));
          $ listview.listview('refresh');
          $ listview.delegate('li a', 'click', function(e) {
              mob.utils.setParam('cate_link_id',
              $ (this).data('id'))
              mob.utils.setParam('cate_link_name',
              $ (this).data('catename'))
          })
      })
  }
  $ lst_Index_List();
})
…… 省略其他与本页面功能不相关的代码
```

3. 页面效果

该页面在 Opera Mobile Emulator 12.1 下执行的效果如图 9-10 所示。

4. 源码分析

在实现首页功能的代码清单 9-4-2 中，将全部需要执行的代码放置在页面 page 容器的 pagecreate 事件中，该事件将在页面创建完成时触发。

在 page 容器的 pagecreate 事件中，需要执行的源码分为三部分：

第一部分是变量的初始化，在该部分中，先初始化变量值，如 $li、$strSubStr 等用于后续代码的调用。

第二部分，定义了一个名为 $tpl_Index_List 的函数型变量，在该函数中，定义了两个参数 $p_array 和 $p_items，前者是一个数组型变量，以追加形式，保存格式化后的数据字符串；后者为返回数据对象，该对象保存通过 API 返回的数据集。在函数体中，先通过调用自

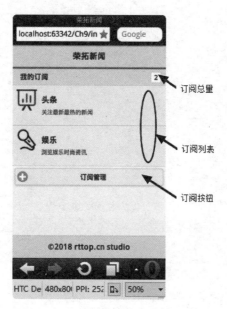

图 9-10　新闻订阅系统中首页的效果

定义方法 getParam()获取键名为 user_sub_str 对应的值,该值为用户已订阅新闻的类别 id 号,格式为"1,2,3,…";如果该值不为 null,则先使用 split()方法,分割该值的内容,并使用 for 语法遍历分割后的内容,在遍历过程中,再使用 \$.each()方法,遍历返回的全部新闻类别数据集,如果用户已订阅的新闻类别 id 号与返回数据集中的 id 号相等,则获取该 id 号新闻类别的其他信息,以字符串的形式保存在变量 \$li 中,并通过调用数组的 push()方法,将变量 \$li 的内容追加到参数数组 \$p_array 中。如果用户已订阅新闻的类别值为 null,那么,将一句提示符赋值给变量 \$li,并追加到参数数组"\$p_array"中。

第三部分,定义了一个名为 \$lst_Index_List 的函数型变量,在该函数中,先通过 \$.getJSON 方法请求指定的 API 地址,在该方法的回调函数中,接收返回 JSON 数据集,并保存在对象变量 response 中,另外,再定义一个名为 li_array 的数组变量,将这两个变量作为实参,调用第二部分中的 \$tpl_Index_List 函数型变量,使 li_array 数组变量接收函数返回的字符串内容,并通过使用 join()方法处理后,作为<ul>列表元素显示的内容,同时,刷新<ul>列表元素,使它能即时显示已赋值的数据内容。

另外,为了使用户在单击列表中某选项时,实现传递参数的功能,在列表对象 \$listview 中,调用 delegate()方法,绑定<a>元素的单击事件,在该事件中,通过调用自定义的 setParam()方法,将类别的 id 号与名称,保存在相应键名的 localStorage 对象中,实现单击后,传递参数后的功能,更多详细实现方法,如代码清单 9-4-2 所示。

9.5　订阅管理页开发

在系统首页中,当单击"订阅管理"按钮时,则进入订阅管理页,在该页面中,以列表的方式显示用户还没有订阅的新闻类别信息,当用户单击列表选项中最右侧的 ⊕ 图标时,则完成了订阅该类别新闻的操作。

1. 功能说明

新建一个 HTML 页面,在页面中添加一个 page 容器,并在容器中添加<ul>列表,在列表选项中放置两个<a>元素,第一个<a>元素内显示类别图标、名称和简单描述,单击时,进入某类别新闻页;第二个<a>元素内显示订阅图标,单击时,实现订阅某类别新闻的功能。

2. 实现代码

在 WebStorm 开发工具中,新创建一个 HTML 页面 newsub. html,加入如代码清单 9-5-1 所示的代码。

代码清单 9-5-1　订阅管理页开发

```html
<!DOCTYPE html>
<html>
<head>
    <title>订阅管理页_荣拓移动新闻系统</title>
    <meta name="viewport" content="width=device-width,
        initial-scale=1"/>
    <link href="css/rttopHtml5.css"
        rel="stylesheet" type="text/css"/>
    <link href="css/jquery.mobile-1.4.5.min.css"
        rel="Stylesheet" type="text/css"/>
    <script src="js/jquery-1.11.1.min.js"
        type="text/javascript"></script>
    <script src="js/jquery.mobile-1.4.5.min.js"
        type="text/javascript"></script>
</head>
<body>
    <div data-role="page" id="newsub_index">
        <div data-role="header"
            data-position="fixed">
          <h3>订阅管理</h3>
        </div>
        <p class="border_p01"></p>
        <ul data-role="listview"></ul>
    </div>
    <div data-role="footer"
        data-position="fixed">
        <h1>© 2018 rttop.cn studio</h1>
    </div>
    </div>
    <script src="js/rttopHtml5.base.js"
        type="text/javascript"></script>
    <script src="js/rttopHtml5.news.js"
        type="text/javascript"></script>
</body>
</html>
```

在本系统的全局 JavaScript 文件 rttopHtml5. news. js 中,用于实现订阅管理页的代码如代码清单 9-5-2 所示。

代码清单 9-5-2　　rttopHtml5.news.js 文件中实现订阅管理页功能对应的代码

```
…… 省略其他与本页面功能不相关的代码
//订阅管理页面创建事件
$(document).on("pagecreate",'#newsub_index', function() {
    var $li = "";
    var $strSubStr = "";
    var $webSite = mob.website;
    var $webUrl = $webSite +
        'api/NewsApi.ashx?act = index';
    var $listview = $(this)
    .find('ul[data - role = "listview"]');
    var $tpl_Sub_List = function($p_array, $p_items) {
        if (mob.utils.getParam('user_sub_str') != null) {
            $strSubStr = mob.utils.getParam('user_sub_str');
            $.each($p_items.Table, function(index, item) {
                if ($strSubStr.indexOf(item.news_cateid)
                    == -1) {
                    $li = '<li class = "lst" data - icon = "false">' +
                    '<a href = "newscate.html" ' +
                    'data - ajax = "false" ' +
                    'data - catename = "' + item.news_catename +
                    '" data - id = "' + item.news_cateid +
                    '" style = "margin:0px;padding - left:60px">' +
                    '<img src = "' + $webSite + item.news_iconurl +
                    '" alt = "" /><h3>' + item.news_catename +
                    '</h3>' +
                    '<p>' + item.news_catedesc + '</p></a>' +
                    '<a data - id = "' + item.news_cateid + '" ' +
                    'class = "a1" href = "javascript:" ' +
                    'data - icon = "plus"></a></li>';
                    $p_array.push($li);
                }
            })
        } else {
            $.each($p_items.Table, function(index, item) {
            $li = '<li class = "lst" data - icon = "false">' +
            '<a href = "newscate.html" ' +
            'data - ajax = "false" data - catename = "' +
            item.news_catename + '" data - id = "' +
            item.news_cateid +
            '" style = "margin:0px;padding - left:60px">' +
            '<img src = "' + $webSite + item.news_iconurl +
            '" alt = "" /><h3>' + item.news_catename + '</h3>' +
                '<p>' + item.news_catedesc + '</p></a>' +
                '<a data - id = "' + item.news_cateid +
                '" class = "a1" href = "javascript:" ' +
                'data - icon = "plus"></a></li>';
                $p_array.push($li);
            })
```

```
        }
    }
    var $ lst_Sub_List = function() {
        $ .getJSON( $ webUrl, {},
        function(response) {
            var li_array = [];
            $ tpl_Sub_List(li_array, response);
            var strTitle = '< li data - role = "list - divider">
            精品推荐</li>';
            $ listview.html(strTitle + li_array.join(''));
            $ listview.listview('refresh');
            $ listview.delegate('li a', 'click', function(e) {
                mob.utils.setParam('cate_link_id',
                $ (this).data('id'))
                mob.utils.setParam('cate_link_name',
                $ (this).data('catename'))
            })
            $ listview.delegate('li .a1', 'click',
            function(e) {
                $ strSubStr += $ (this).data('id') + ",";
                mob.utils.setParam('user_sub_str',
                $ strSubStr);
                window.location.reload();
            })
        })
    }
    $ lst_Sub_List();
})
…… 省略其他与本页面功能不相关的代码
```

3. 页面效果

该页面在 Opera Mobile Emulator 12.1 下执行的效果如图 9-11 所示。

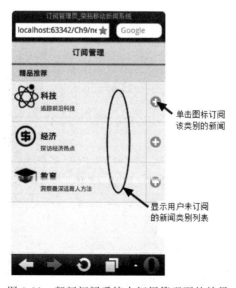

图 9-11　新闻订阅系统中订阅管理页的效果

4. 源码分析

在实现新闻订阅功能的代码清单 9-5-2 中,结构与实现系统首页的功能基本相同,也是由三部分组成:

第一部分定义和初始化变量,用于后续代码的调用。

第二部分定义一个名为 $tpl_Sub_List 的函数型变量,在该函数中,同样定义了两个形参,一个用于保存返回规格化显示数据的数组,另一个用于存储 API 请求时,返回的数据集。在函数体中,先调用 getParam()方法,获取键名为 user_sub_str 的值,如果该值不为 null,则在遍历返回的数据集时,使用 indexOf()方法检测字符信息值中是否存在遍历过程中的新闻类别 id 号,如果检测返回的值为-1,表示不存在,则通过 $li 变量保存新闻类别的其他数据信息,并调用数组中的 push()方法,将 $li 变量内容追加至形参数组 $p_array 中;如果用户订阅新闻类别 id 字符信息值为空,则直接使用 $.each()方法,遍历返回的新闻类别数据集,并将格式化后的字符串追加至形参数组 $p_array 中。

在第三部分中,定义了另外一个函数型变量 $lst_Sub_List,在函数中,先使用 $.getJSON()方法请求 API 返回指定的数据集,在该方法的回调函数中,将数组变量 li_array 和对象变量 response 作为第二部分自定义的函数型变量 $tpl_Sub_List 实参,调用该函数型变量,将获取的数组使用 join()方法处理后,作为<ul>列表元素中显示的内容,并刷新该列表组件,使设置好的内容即时显示在页面中。

最后,使用列表元素的 delegate()方法,绑定两个单击事件,一个是单击列表中某个选项时,触发的列表单击事件,在该事件中,调用自定义的 setParam()方法,将新闻类别 id 号和类别名称保存至自己命名的键名中,当页面切换后,再通过调用自定义的 getParam()方法,获取保存的对应键值,从而实现页面切换时,参数的传递;另一个事件是,当用户单击列表中最右侧添加图标时,触发图标的单击事件,在该事件中,以逗号分割的方式保存用户所选择的新闻类别 id 号,并调用自定义的 setParam()方法,将该字符串信息保存至键名为 user_sub_str 的 localStorage 对象中,更多详细的实现方法,如代码清单 9-5-2 所示。

9.6 类别新闻页开发

无论是在系统首页还是订阅管理页,当用户单击新闻类别列表选项时,都将进入类别新闻页,该页面由上下两部分组成,其中,上部分用于显示该类别下的图片新闻,下部分以列表的形式展示该类别下的全部新闻标题,单击该标题时,进入新闻的详细页。

1. 功能说明

新建一个 HTML 页面,在添加的 page 容器中创建多个<div>元素,用于显示图片新闻的图片、标题和标题背景,另外,再添加一个<ul>列表,用于显示该类别下的所有新闻标题信息。

2. 实现代码

在 WebStorm 开发工具中,新创建一个 HTML 页面 newscate.html,加入如代码清单 9-6-1 所示的代码。

代码清单 9-6-1 类别新闻页开发

```html
<!DOCTYPE html>
<html>
<head>
    <title>类别新闻页_荣拓移动新闻系统</title>
    <meta name = "viewport" content = "width = device - width,
        initial - scale = 1"/>
    <link href = "css/rttopHtml5.css"
        rel = "stylesheet" type = "text/css"/>
    <link href = "css/jquery.mobile - 1.4.5.min.css"
        rel = "Stylesheet" type = "text/css"/>
    <script src = "js/jquery - 1.11.1.min.js"
        type = "text/javascript"></script>
    <script src = "js/jquery.mobile - 1.4.5.min.js"
        type = "text/javascript"></script>
</head>
<body>
    <div data - role = "page" id = "newscate_index">
        <div data - role = "header"
            data - position = "fixed">
            <h4></h4>
        </div>
        <p class = "border_p01"></p>
        <div id = "news_wrap">
            <div id = "news_bg"></div>
            <div id = "news_info"></div>
            <div id = "news_list"></div>
        </div>
        <ul data - role = "listview"></ul>
        <div data - role = "footer"
            data - position = "fixed">
            <h1>© 2018 rttop.cn studio </h1>
        </div>
    </div>
    <script src = "js/rttopHtml5.base.js"
        type = "text/javascript"></script>
    <script src = "js/rttopHtml5.news.js"
        type = "text/javascript"></script>
</body>
</html>
```

在本系统的全局 JavaScript 文件 rttopHtml5.news.js 中,用于实现类别新闻页的代码如代码清单 9-6-2 所示。

代码清单 9-6-2 rttopHtml5.news.js 文件中实现类别新闻页功能对应的代码

```
…… 省略其他与本页面功能不相关的代码
//类别新闻页面创建事件
$ (document).on("pagecreate",'#newscate_index',function() {
```

```
        var $ li = "";
        var $ strId = "";
        var $ strName = "";
        var $ webUrl1 = "";
        var $ webUrl2 = "";
        var $ webSite = mob.website;
        var $ catename = $ (this).find('[data-role="header"] h4');
        var $ listview = $ (this)
        .find('ul[data-role="listview"]');
        var $ adlist = $ ("#news_list");
        var $ adinfo = $ ("#news_info");
        var $ tpl_Cate_Ad = function($ p_array, $ p_items) {
            $ .each( $ p_items.Table, function(index, item) {
                $ li = '<a href="newsdetail.html" ' +
                'data-ajax="false" data-catename="' +
                item.news_catename + '" data-id="' +
                item.news_id + '">' +
                '<img src="' + $ webSite + item.imgnews_imgurl +
                '" alt=""/></a>';
                $ adinfo.html(item.news_title);
                $ p_array.push( $ li);
            })
        }
        var $ tpl_Cate_List = function($ p_array, $ p_items) {
            $ .each( $ p_items.Table, function(index, item) {
                $ li = '<li class="lst">' +
                '<a href="newsdetail.html" ' +
                'data-ajax="false" ' +
                'data-catename="' + item.news_catename +
                '" data-id="' + item.news_id +
                '" style="margin:0px;padding-left:8px">' +
                '<h3>' + item.news_title + '</h3></a></li>';
                $ p_array.push( $ li);
            })
        }
        var $ lst_Cate_Ad = function() {
            $ strId = mob.utils.getParam('cate_link_id');
            $ strName = mob.utils.getParam('cate_link_name');
            $ webUrl1 = $ webSite +
                'api/NewsApi.ashx?act=cate_img&cateid=' + $ strId;
            $ .getJSON( $ webUrl1, {},
            function(response) {
                $ catename.html( $ strName);
                var li_array = [];
                $ tpl_Cate_Ad(li_array, response);
                $ adlist.html(li_array.join(''));
                $ adlist.delegate('a', 'click', function(e) {
                    mob.utils.setParam('p_link_id',
                        $ (this).data('id'));
```

```
            mob.utils.setParam('cate_link_name',
                $(this).data('catename'));
        })
    })
}
var $lst_Cate_List = function() {
    $strId = mob.utils.getParam('cate_link_id');
    $strName = mob.utils.getParam('cate_link_name');
    $webUrl2 = $webSite +
        'api/NewsApi.ashx?act = cate_lst&cateid = ' + $strId;
    $.getJSON($webUrl2, {},
    function(response) {
        var li_array = [];
        $tpl_Cate_List(li_array, response);
        $listview.html(li_array.join(''));
        $listview.listview('refresh');
        $listview.delegate('li a', 'click', function(e) {
            mob.utils.setParam('p_link_id',
                $(this).data('id'))
            mob.utils.setParam('cate_link_name',
                $(this).data('catename'))
        })
    })
}
$lst_Cate_Ad();
$lst_Cate_List();
})
…… 省略其他与本页面功能不相关的代码
```

3. 页面效果

该页面在 Opera Mobile Emulator 12.1 下执行的效果如图 9-12 所示。

图 9-12 单击"头条"时类别新闻的效果

4. 源码分析

在实现浏览类别新闻功能的代码清单9-6-2中,结构与实现与前几个页面基本相同,只是在处理细节时略有差别,同样也是由三部分组成:

第一部分定义和初始化变量,用于后续代码使用时的调用。

在第二部分中,由于需要展示图片与普通新闻两部分数据,因此,需要分开编写两个函数型变量 $tpl_Cate_Ad 和 $tpl_Cate_List,前者用于遍历 API 返回的图片新闻数据集,并将格式化后的字符串追加至形参数组中,后者用于遍历 API 返回的普通新闻数据集,将格式化后的字符串追加至形参数组中。

在第三部分中,定义了另外两个函数型变量 $lst_Cate_Ad 和 $lst_Cate_List,分别用于调用在第二部分中自定义的 $tpl_Cate_Ad 和 $tpl_Cate_List 函数型变量,在调用前,先通过 getParam()方法,接收页面传递的类别 id 号和名称参数值,分别保存在变量 $strId 和 $strName 中,并根据变量 $strId 的值,组成 $.getJSON()方法请求的 URL 地址,实现根据类别 id 号动态取对应数据集的功能;同时,在 $.getJSON()方法的回调函数中,定义一个数组 li_array 和接收返回数据集变量 response,将这两个变量作为调用 $tpl_Cate_Ad 和 $tpl_Cate_List 函数型变量的实参,最后,将函数调用返回的数组使用join()方法处理后,显示在页面相应的元素中,如果是<ul>列表,则在执行刷新操作后,被赋值的内容便可即时显示在<ul>列表中。

最后,使用 delegate()方法,设置图片新闻和列表选项元素的单击事件,在该事件中,分别使用自定义的 setParam()方法将新闻的 id 号和类别名称分别保存在对应键名的 localStorage 对象中,用于在切换页面时的调用,更多详细的实现方法,如代码清单 9-5-2 所示。

9.7 新闻详情页开发

在类别新闻页中,如果单击新闻的图片或标题,都将进入新闻详情页,在该页面中,展示某条新闻的标题、添加时间、来源和新闻正文信息。

1. 功能说明

新建一个 HTML 页面,在添加的 page 容器中,增加一个<div>元素,在该元素中,再添加一个<h>和两个<p>元素,分别用于显示新闻的标题、添加时间、来源和正文信息。

2. 实现代码

在 WebStorm 开发工具中,新创建一个 HTML 页面 newsdetail.html,加入如代码清单 9-7-1 所示的代码。

代码清单 9-7-1 新闻详情页开发

```
<!DOCTYPE html>
<html>
<head>
    <title>新闻详细页_荣拓移动新闻系统</title>
    <meta name = "viewport" content = "width = device - width,
        initial - scale = 1"/>
```

```
< link href = "css/rttopHtml5.css"
      rel = "stylesheet" type = "text/css"/>
< link href = "css/jquery.mobile - 1.4.5.min.css"
      rel = "Stylesheet" type = "text/css"/>
< script src = "js/jquery - 1.11.1.min.js"
      type = "text/javascript"></script >
< script src = "js/jquery.mobile - 1.4.5.min.js"
      type = "text/javascript"></script >
</head >
< body >
    < div data - role = "page" id = "detail_index">
        < div data - role = "header"
            data - position = "fixed">
          < h4 ></h4 >
        </div >
        < p class = "border_p01"></p >
        < div class = "detail">
            < h4 id = "news_detail_title"></h4 >
            < p id = "news_detail_info"
              class = "news_detail_info">
            </p >
            < p id = "news_detail_content"
              class = "news_detail_content">
            </p >
        </div >
        < div data - role = "footer"
            data - position = "fixed">
            < h1 >© 2018 rttop.cn studio </h1 >
        </div >
    </div >
    < script src = "js/rttopHtml5.base.js"
          type = "text/javascript"></script >
    < script src = "js/rttopHtml5.news.js"
          type = "text/javascript"></script >
</body >
</html >
```

在本系统的全局 JavaScript 文件 rttopHtml5.news.js 中,用于实现类别新闻页的代码如代码清单 9-7-2 所示。

代码清单 9-7-2　rttopHtml5.news.js 文件中实现新闻详情页功能对应的代码

```
…… 省略其他与本页面功能不相关的代码
//新闻详细页面创建事件
$ (document).on("pagecreate",'#detail_index', function() {
    var $ strId = "";
    var $ strName = "";
    var $ webSite = mob.website;
    var $ webUrl = "";
    var $ catename =  $ (this).find('[data - role = "header"] h4');
```

```
    var $ title = $ ("#news_detail_title");
    var $ info = $ ("#news_detail_info");
    var $ content = $ ("#news_detail_content");
    var $ lst_Detail_List = function() {
        $ strId = mob.utils.getParam('p_link_id');
        $ strName = mob.utils.getParam('cate_link_name');
        $ webUrl = $ webSite +
        'api/NewsApi.ashx?act = detail&newsid = ' + $ strId;
        $ .getJSON( $ webUrl, {},
        function(response) {
            $ catename.html( $ strName);
            $ .each(response.Table, function(index, item) {
                $ title.html(item.news_title);
                var strHTML = item.news_adddate +
                    "来源: " + item.news_source;
                $ info.html(strHTML);
                $ content.html(item.news_content);
            });
        })
    }
    $ lst_Detail_List();
})
```

3. 页面效果

该页面在 Opera Mobile Emulator 12.1 下执行的效果如图 9-13 所示。

图 9-13　进入新闻详情页时的效果

4. 源码分析

在实现浏览新闻详情页功能的代码清单 9-7-2 中,代码相对简单,首先,定义和初始化变量,用于后续代码的调用;然后,定义一个函数型变量 $lst_Detail_List,在函数中,先通过自定义的 getParam() 方法,获取传回的新闻 id 号和类别名称;接着,根据该 id 号,使用 $.getJSON() 方法请求相应的 JSON 数据;最后,在该方法的回调函数中,遍历返回的数据集,并将对应的数字段值显示在页面指定的元素中,从而实现浏览新闻详情页的功能,更多详细的实现方法,如代码清单 9-7-2 所示。

9.8　其余文件

在开发本系统的功能时,除上述章节所列出的 HTML 页面和 JavaScript 文件外,还有两个全局性文件,一个是样式文件 rttopHtml5.css,另外一个是 API 接口调用文件 NewsApi.ashx,接下来对这两个文件进行详细说明。

9.8.1　样式文件

本系统只有一个样式文件 rttopHtml5.css,它用于控制整个系统的页面样式与结构布局,详细代码如代码清单 9-8 所示。

代码清单 9-8　rttopHtml5.css 文件全部代码

```
/*系统增封面*/
.load
{
    text-align:center;padding:10px;
    line-height:1.8em
}
.load .t
{
    padding:5px 20px 5px 20px; font-family:黑体;
    color:#e63f38
}
.load .l
{
    color:#666;font-size:12px
}
.border_p01
{
    width:100%; height:3px; background:#e41400;
    margin:0; padding:0
}
/*列表区域*/
.lst
{
    height:100%;margin:0px;
    padding:0px 5px 0px 5px
}
.lst a img
{
    padding:0px;max-height:50px;max-width:50px;
```

```css
    padding - top:5px;padding - bottom:5px;margin:0px
}
.lst a h3
{
    width:80%
}
/* 新闻详细页 */
.detail
{
    text - align:center;padding:8px
}
.detail .news_detail_info
{
    font - size:12px; color:#666;
    padding - bottom:5px; border - bottom:solid 1px #ccc
}
.detail .news_detail_content
{
    text - align:left
}
/* 新闻推荐图片 */
#news_wrap
{
    position:relative;width:100%;height:auto;
    min - height:160px;overflow:hidden;
}
#news_list img
{
    border:0px;width:100%;height:auto
}
#news_bg
{
    position:absolute;width:100%;min - height:30px;
    line - height:30px;bottom:0;background - color:#000;
    filter:Alpha(Opacity = 40);opacity:0.4;z - index:1;
    cursor:pointer;
}
#news_info
{
    position:absolute;min - height:30px;line - height:30px;
    bottom:0; left:3px;font - size:12px;
    color:#fff;z - index:1;cursor:pointer
}
/* 列表右侧按钮 */
.ui - li - link - alt
{
    position: absolute; width: 52px; height: 100%;
    border - width: 0;background:url(images/add.png)
                    no - repeat;
```

```
    background - position:center; border - left - width: 1px;
    top: 0; right: 0; margin: 0; padding: 0; z - index: 2;
}
.ui - li - link - alt .ui - btn
{
    display:none; overflow: hidden; position: absolute;
    right: 8px; top: 50 % ; margin: - 11px 0 0 0;
    border - bottom - width: 1px; z - index: - 1;
}
```

在上述样式文件代码清单中,有如下三个样式类别需要说明。

- 为了能在列表的<li>选项元素中自定义最右侧的单击按钮图标,首先,在<li>选项元素中添加两个<a>元素,并重置 ui-li-link-alt 类别下的 ui-btn 子类别,将 display 属性值设置为 none,表示隐藏原有按钮元素。
- 然后,再重置 ui-li-link-alt 类别,在该类别中,以背景的方式添加一个自定义的图标,作为单击按钮的图标。
- 最后,由于隐藏了最右侧的原有按钮,所以标题的长度默认为 100%,该值将会使标题的内容,覆盖最右侧的自定义按钮图标区域,因此,将<h3>标题的长度修改为 80%,可以规避这一现象,形成两列独自显示的页面效果。

9.8.2 API 接口文件

在本系统的 JavaScript 代码中,通过调用 $. getJSON()方法,访问接口文件 NewsApi. ashx,获取指定的 JSON 格式数据,该文件是. NET 服务端语言开发的一般程序处理文件,它的主要功能是根据传回的参数,获取数据库中的对应数据,并转成 JSON 格式数据集,传递给调用的页面。介于篇幅,该文件的详细代码不在本书中列出,感兴趣的读者可以在本书的配套源码文件中获取。

9.9 本章小结

在本章中,详细介绍了使用 jQuery Mobile 开发一个完整的移动终端新闻订阅管理系统过程,这一过程中,既包括分析需求、设计数据库、功能开发等框架搭建的方法,也包含了如何使用 JSON 格式传递数据集、localStorage 对象传递参数的技巧。通过本章的学习,读者可以全面了解并掌握在使用 jQuery Mobile 开发移动项目时框架搭建与开发的技巧。

第 ⟨10⟩ 章

开发移动终端记事本管理系统

本章学习目标
- 掌握本地存储对象的基本使用方法;
- 熟悉存储对象增加和读取的方法;
- 了解本地存储对象编辑和删除的方法。

10.1　需求分析

在记事本管理系统中,主要包括如下几个部分的需求。

（1）在新手导航页中,以左右滑动图片的方式,显示系统截图,当用户滑至最后一幅截图时,自动进入首页。

（2）进入首页后,以列表的方式展示各类别记事数据的总量信息,单击某个类别选项,进入该类别的记事列表页。

（3）在某类别下的记事列表页中,展示该类别下的全部记事主题内容,并增加根据记事主题进行搜索的功能。

（4）如果单击类别下的某记事主题,则进入记事信息详细页,在该页面中,展示记事信息的主题和正文信息,另外,添加一个删除该条记事信息的按钮。

（5）如果在记事信息的详细页中,单击"编辑"按钮,则进入记事信息编辑页,在该页中,可以编辑主题和正文信息。

（6）无论是在首页或类别列表页,单击"新增"按钮时,则进入记事信息增加页,在该页中,可以增加一条新的记事信息。

10.1.1　总体设计

本系统的功能是方便、快捷地记录和管理用户的记事数据,因此,在总体设计上,重点把握操作简洁、流程简单、系统可拓展性强的原则,综上考虑,本系统的总体设计如图 10-1 所示。

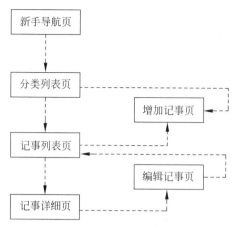

图 10-1　移动终端记事本管理系统总体设计示意图

在图 10-1 中,列出了系统的功能和操作流程,本系统有 6 个功能,分别由新手导航页、分类列表页、记事列表页、记事详细页、编辑记事页、增加记事页实现。

在操作流程上,首次进入时,先通过新手导航进入分类列表页,再次进入时,则直接进入分类列表页,在分类和记事列表页中都可以进入增加记事页,只有在记事列表页中,才能进入记事详细页,在记事详细页中,才能进入编辑记事页和删除记事详细页。另外,无论是完成了增加还是编辑记事的操作后,都返回相应类别的记事列表页。

10.1.2　功能设计

针对上述的需求,本系统使用 jQuery Mobile 开发了 6 项功能页,具体说明如下。

（1）新手导航页。在 page 容器中,添加多张功能说明截图,当用户滑动图片时,触发绑定的滑动事件,驱使图片向左或向右滑动。滑到最后一幅图片时,通过 localStorage 对象保存查看状态,当用户再次进入系统时,该状态值不为空,则进入系统首页,否则,进入新手导航页。

（2）分类列表页。遍历 localStorage 对象保存的记事本数据,在遍历过程中,以累加方式记录各类别下记事数据的总量,并通过<ul>列表显示类别名称和对应记事数据总量。另外,当单击<ul>列表中某选项时,则进入某类别下的记事列表页。

（3）记事列表页。根据 localStorage 对象传回的记事类别名称,获取该类别名称下的记事本数据,并通过列表的方式将记事主题信息显示在页面中,同时,将列表元素的 data-filter 属性值设为 true,使该列表具有根据记事主题信息进行搜索的功能。同时,当单击<ul>列表中某选项时,则进入该主题记事的详细页。

（4）记事详细页。在该页面中,根据 localStorage 对象传回的记事 id 号,获取对应的记事数据,并将记录的主题与内容显示在页面中,同时,在该页面中,当单击头部栏左侧"编辑"按钮时,进入记事编辑页,单击头部栏右侧"删除"按钮时,弹出询问对话框,单击"确定"后,删除该条记事数据。

（5）编辑记事页。在该页面中,以文本框的方式显示某条记事数据的类别、主题和内容,用户可以对这三项内容进行修改,修改后,单击头部栏右侧的"更新"按钮,便完成了该条记事数据的更新。

(6) 增加记事页。在分类列表页或记事列表页中,当单击头部栏右侧的"增加"按钮时,便进入增加记事页,在该页面中,用户可以选择记事的类别、输入记事主题、内容,最后,单击该页面中的头部栏右侧的"保存"按钮,便完成了一条新记事数据的增加。

10.2 新手导航页开发

jQuery Mobile 开发的移动项目,既可以在移动设备的浏览器中查看,也可以将页面打包到应用程序中,如 apk 文件,如果是后者,那么,新手导航页将是系统在运行前需要浏览的页面,在该页面中,以滑动图片的方式,去引导用户使用本系统的重点功能。

1. 功能说明

新建一个 HTML 页面,在正文 content 容器中,添加两个<div>元素和一个<ul>列表元素,前者用于放置系统的功能图片,后者<ul>列表元素放置在图片下面,用于滑动图片时,以圆点的方式显示选中或未选图片的状态,当左右滑动图片时,图片下方的小圆点也将动态进行变换。

2. 实现代码

在 WebStorm 开发工具中,新创建一个 HTML 页面 notenav.html,加入如代码清单 10-2-1 所示的代码。

代码清单 10-2-1   新手导航页开发

```html
<!DOCTYPE html>
<html>
<head>
    <title>新手导航_荣拓移动记事本系统</title>
    <meta name = "viewport" content = "width = device - width,
      initial - scale = 1.0, maximum - scale = 1.0"/>
    <link href = "css/rttopHtml5.css"
        rel = "stylesheet" type = "text/css"/>
    <link href = "css/jquery.mobile - 1.4.5.min.css"
        rel = "Stylesheet" type = "text/css"/>
    <script src = "js/jquery - 1.11.1.min.js"
        type = "text/javascript"></script>
    <script src = "js/jquery.mobile - 1.4.5.min.js"
        type = "text/javascript"></script>
    <style>
        #notenav_index{
            background - color: #ccc;
        }
    </style>
</head>
<body>
<div data - role = "page" id = "notenav_index">
    <div data - role = "header"
        data - position = "fixed">
```

```
          <h4>新手导航</h4>
      </div>
    <div data-role = "main"
        class = "ui-content">
        <div id = "notenav_wrap">
            <div id = "notenav_list">
                <a href = "javascript:">
                    <img src = "images/nav1.jpg"
                        alt = ""/>
                </a>
                <a href = "javascript:">
                    <img src = "images/nav2.jpg"
                        alt = ""/>
                </a>
            </div>
            <ul id = "notenav_icon">
                <li></li>
                <li></li>
            </ul>
        </div>
    </div>
</div>
<script src = "js/rttopHtml5.base.js"
        type = "text/javascript"></script>
<script src = "js/rttopHtml5.note.js"
        type = "text/javascript"></script>
</body>
</html>
```

代码清单 10-2-1 中包含了两个 js 文件,分别为 rttopHtml5. base. js 和 rttopHtml5. note. js,rttopHtml5. base. js 文件用于设置系统的一些基础属性值和定义设置与获取 localStorage 对象键名、键值的方法,该文件的代码如代码清单 10-2-2 所示。

代码清单 10-2-2　新手导航页面开发所对应的 rttopHtml5. base. js 文件

```
var rttophtml5mobi = {
    author: 'tgrong',
    version: '1.0',
    website: 'http://localhost'
}
rttophtml5mobi.utils = {
    setParam: function(name, value) {
        localStorage.setItem(name, value)
    },
    getParam: function(name) {
        return localStorage.getItem(name)
    }
}
```

此外,rttopHtml5. note. js 文件用于通过 jQuery Mobile 框架实现各页面的对应功能,它包含了本系统中全部页面各功能模块实现的 JavaScript 代码,在该文件中,用于实现新手导航页的代码如代码清单 10-2-3 所示。

代码清单 10-2-3　rttopHtml5.note.js 文件中实现新手导航功能对应的代码

```javascript
…… 省略其他与本页面功能不相关的代码
//新手导航页面创建事件
$(document).on("pagecreate", "#notenav_index", function () {
    if (rttophtml5mobi.utils.getParam('bln_look') != null) {
        $.mobile.changePage("index.html", "slideup");
    } else {
        var $count = $("#notenav_list a").length;
        $("#notenav_list a:not(:first-child)").hide();
        $("#notenav_icon li:first-child")
        .addClass('on').html("1");
        $("#notenav_list a img").each(function (index) {
            $(this).swipeleft(function () {
                if (index < $count - 1) {
                    var i = index + 1;
                    var s = i + 1;
                    $("#notenav_list a").filter(":visible")
                    .fadeOut(500).parent().children()
                    .eq(i).fadeIn(1000);
                    $("#notenav_icon li").eq(i).html(s);
                    $("#notenav_icon li").eq(i)
                    .toggleClass("on");
                    $("#notenav_icon li").eq(i).siblings()
                    .removeAttr("class").html("");
                    if (s == $count) {
                        rttophtml5mobi.utils
                        .setParam('bln_look', 1);
                        $.mobile.changePage("index.html",
                        "slideup");
                    }
                }
            }).swiperight(function () {
                if (index > 0) {
                    var i = index - 1;
                    var s = i + 1;
                    $("#notenav_list a").filter(":visible")
                    .fadeOut(500).parent().children()
                    .eq(i).fadeIn(1000);
                    $("#notenav_icon li").eq(i).html(s);
                    $("#notenav_icon li").eq(i)
                    .toggleClass("on");
                    $("#notenav_icon li").eq(i).siblings()
                    .removeAttr("class").html("");
                }
            })
        })
    }
})
…… 省略其他与本页面功能不相关的代码
```

3. 页面效果

该页面在 Opera Mobile Emulator 12.1 下执行的效果如图 10-2 所示。

4. 源码分析

在实现新手导航页功能的代码清单 10-2-3 中,首先,检测键名为 bln_look 的 localStorage 对象值是否为 null,如果不为 null,表示不是首次进入本系统,则调用 $.mobile 对象提供的 changePage()方法,直接跳转至首页;如果为空,表示是首次进入本系统,那么,首先获取<div>元素中图片链接元素的总数量,并保存到变量 $count 中,然后,使用 hide()方法,隐藏除第一个图片链接元素之外的其他元素,并使用 addClass()方法增加<ul>列表元素中图片被选中时对应选项的样式和初始值。

图 10-2　新手导航页时的效果

接下来,遍历<div>元素中的全部图片,并在遍历过程中,通过 $(this)方式获取每个图片元素,绑定该元素的 swipeleft 和 swiperight 事件。在图片元素的 swipeleft 事件中,先判断当前元素的索引号 index 值是否小于图片总量,如果成立,那么,当前索引号自动增加 1,使图片的索引号指定向下一张,并通过 fadeOut()和 fadeIn()方法实现当前图片的隐藏和下一张图片的显示,同时,在显示下一张图片时,调用 toggleClass()和 html()方法切换该图片选中时的样式和数字内容,与此同时,使用 removeAttr()和 html()方法移除其他未选中图片的原有样式和数字内容。

图片元素的 swiperight 事件中执行的代码与 swipeleft 事件基本相同,区别在于,在图片元素的 swiperight 事件中,先判断当前元素的索引号 index 值是否大于 0,如果成立,那么,当前索引号自动减少 1,使图片的索引号指定向上一张,其余代码与 swipeleft 事件相同,在此不再赘述,更多详细的实现方法,如代码清单 10-2-3 所示。

说明:在移动设备浏览器中,向左滑动图片,表示浏览下一张图片,触发 swipeleft 事件;向右滑动图片,表示浏览上一张图片,触发 swiperight 事件。

10.3　系统首页开发

当在新手导航页中浏览完全部的导航图片或非首次进入记事本系统时,都将进入系统首页面,在该页面中,通过<ul>列表显示记事数据的全部类别名称,并将各类别记事数据的总量,显示在列表中对应类别的右侧。

1. 功能说明

新建一个 HTML 页面,在页面 page 容器中添加一个<ul>列表元素,在列表中,显示记事数据的分类名称与类别总量,当单击该列表选项时,则进入记事列表页。

2. 实现代码

在 WebStorm 开发工具中,新创建一个 HTML 页面 index.html,加入如代码清单 10-3-1 所示的代码。

代码清单 10-3-1 系统首页开发

```html
<!DOCTYPE html>
<html>
<head>
    <title>首页_荣拓移动记事本系统</title>
    <meta name = "viewport" content = "width = device - width,
        initial - scale = 1.0, maximum - scale = 1.0"/>
    <link href = "css/rttopHtml5.css"
        rel = "stylesheet" type = "text/css"/>
    <link href = "css/jquery.mobile - 1.4.5.min.css"
        rel = "Stylesheet" type = "text/css"/>
    <script src = "js/jquery - 1.11.1.min.js"
        type = "text/javascript"></script>
    <script src = "js/jquery.mobile - 1.4.5.min.js"
        type = "text/javascript"></script>
</head>
<body>
<div data - role = "page" id = "index_index">
    <div data - role = "header"
        data - position = "inline">
        <h4>荣拓记事</h4>
        <a href = "addnote.html"
            class = "ui - btn - right">新增
        </a>
    </div>
    <div data - role = "main"
        class = "ui - content">
        <ul data - role = "listview"></ul>
    </div>
    <div data - role = "footer"
        data - position = "fixed">
        <h1>© 2018 rttop.cn studio</h1>
    </div>
</div>
<script src = "js/rttopHtml5.base.js"
        type = "text/javascript"></script>
<script src = "js/rttopHtml5.note.js"
        type = "text/javascript"></script>
</body>
</html>
```

在本系统的全局 JavaScript 文件 rttopHtml5. note. js 中,用于实现系统首页的代码如代码清单 10-3-2 所示。

代码清单 10-3-2 rttopHtml5. note. js 文件中系统首页功能对应的代码

```javascript
……  省略其他与本页面功能不相关的代码
//首页页面创建事件
$ (document). on("pagecreate", " # index_index", function () {
```

```
    var $ listview = $ (this)
    .find('ul[data-role="listview"]');
    var $ strKey = "";
    var $ m = 0, $ n = 0;
    var $ strHTML = "";
    for (var intI = 0; intI < localStorage.length; intI++) {
        $ strKey = localStorage.key(intI);
        if ( $ strKey.substring(0, 4) == "note") {
            var getData = JSON.parse(rttophtml5mobi
            .utils.getParam( $ strKey));
            if (getData.type == "a") {
                $ m++;
            }
            if (getData.type == "b") {
                $ n++;
            }
        }
    }
    var $ sum = parseInt( $ m) + parseInt( $ n);
    $ strHTML += '<li data-role="list-divider"
    class="ui-li-divider ui-bar-inherit">
    全部记事本内容<span class="ui-li-count">' + $ sum +
    '</span></li>';
    $ strHTML += '<li><a class="ui-btn ui-btn-icon-right
    ui-icon-carat-r" href="list.html" data-ajax="false"
    data-id="a" data-name="散文">散文
    <span class="ui-li-count">' + $ m + '</span></li>';
    $ strHTML += '<li><a class="ui-btn ui-btn-icon-right
    ui-icon-carat-r" href="list.html" data-ajax="false"
    data-id="b" data-name="随笔">随笔
    <span class="ui-li-count">' + $ n + '</span></li>';
    $ listview.html( $ strHTML);
    $ listview.delegate('li a', 'click', function (e) {
        rttophtml5mobi.utils.setParam('link_type',
        $ (this).data('id'))
        rttophtml5mobi.utils.setParam('type_name',
        $ (this).data('name'))
    })
})
…… 省略其他与本页面功能不相关的代码
```

3. 页面效果

该页面在 Opera Mobile Emulator 12.1 下执行的效果如图 10-3 所示。

4. 源码分析

在实现系统首页功能的代码清单 10-3-2 中，首先，定义一些数值和元素变量，用于后续代码的使用。然后，由于全部的记事数据都保存在 localStorage 对象中，因此，遍历全部的 localStorage 对象，根据键值中前 4 个字符为 note 的标准，筛选对象中保存的记事数据，并

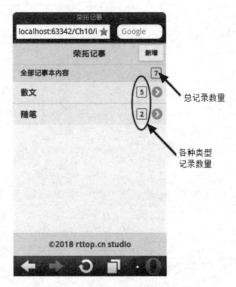

图 10-3　进入系统首页时的效果

将该数据通过 JSON. parse()方法,将字符内容转换成 JSON 格式对象,再根据该对象的类型值,将不同类型的记事数量进入累加,分别保存在变量 $m 和 $m 中。

最后,组织显示在页面列表< ul >元素的内容,并保存在变量 $strHTML 中,通过调用列表< ul >元素的 html()方法,将内容赋值于页面列表< ul >元素中,同时,使用 delegate()方法设置列表选项触发单击事件时,需要执行的代码,更多详细的实现方法,如代码清单 10-3-2 所示。

说明：由于本系统的数据全部保存在用户本地的 localStorage 对象中,因此,读取数据的速度很快,当将字符串内容赋值给列表< ul >元素时,已完成样式加载,无须再调用 refresh()方法。

10.4　记事本类别与搜索页开发

当用户在首页单击列表中某类别选项时,将类别名称写入 localStorage 对象的对应键值中,当从首页切换至记事类别页时,再根据这个已保存的类别键值与整个 localStorage 对象保存的数据进行匹配,获取该类别键值对应的记事数据,并通过< ul >列表,将数据内容显示在页面中。

1. 功能说明

新建一个 HTML 页面,并在页面 page 容器中添加一个< ul >列表元素,用于显示某类别下的记事数据,同时,将< ul >列表元素的 data-filter 的属性值设置为 true,使该列表可以根据记事主题进行搜索。

2. 实现代码

在 WebStorm 开发工具中,新创建一个 HTML 页面 list. html,加入如代码清单 10-4-1 所示的代码。

代码清单 10-4-1　记事本类别与搜索页开发

```
<!DOCTYPE html>
<html>
<head>
    <title>类别列表页_荣拓移动记事本系统</title>
    <meta name="viewport" content="width=device-width,
        initial-scale=1.0, maximum-scale=1.0"/>
    <link href="css/rttopHtml5.css"
        rel="stylesheet" type="text/css"/>
    <link href="css/jquery.mobile-1.4.5.min.css"
        rel="Stylesheet" type="text/css"/>
    <script src="js/jquery-1.11.1.min.js"
        type="text/javascript"></script>
    <script src="js/jquery.mobile-1.4.5.min.js"
        type="text/javascript"></script>
</head>
<body>
<div data-role="page" id="list_index">
    <div data-role="header"
        data-position="inline">
        <a href="index.html">返回</a>
        <h4>记事列表</h4>
        <a href="addnote.html">新增</a>
    </div>
    <div data-role="main"
        class="ui-content">
        <ul data-role="listview"
            data-filter="true"></ul>
    </div>
    <div data-role="footer"
        data-position="fixed">
        <h1>© 2018 rttop.cn studio</h1>
    </div>
</div>
<script src="js/rttopHtml5.base.js"
        type="text/javascript"></script>
<script src="js/rttopHtml5.note.js"
        type="text/javascript"></script>
</body>
</html>
```

在本系统的全局 JavaScript 文件 rttopHtml5.note.js 中，用于实现记事本类别与搜索页的代码如代码清单 10-4-2 所示。

代码清单 10-4-2　rttopHtml5.note.js 文件中记事本类别与搜索页功能对应的代码

```
…… 省略其他与本页面功能不相关的代码
//记事列表页面创建事件
$(document).on("pagecreate", "#list_index", function () {
```

```
    var $ listview = $ (this)
    .find('ul[data - role = "listview"]');
    var $ strKey = "", $ strHTML = "", $ intSum = 0;
    var $ strType = rttophtml5mobi
    .utils.getParam('link_type');
    var $ strName = rttophtml5mobi
    .utils.getParam('type_name');
    for (var intI = 0; intI < localStorage.length; intI++) {
        $ strKey = localStorage.key(intI);
        if ( $ strKey.substring(0, 4) == "note") {
            var getData = JSON.parse(rttophtml5mobi
            .utils.getParam( $ strKey));
            if (getData.type == $ strType) {
                $ strHTML += '< li data - icon = "false"
                data - ajax = "false"><a class = "ui - btn
                ui - btn - icon - right ui - icon - carat - r"
                href = "notedetail.html" data - id = "' +
                getData.nid + '">' + getData.title +
                '</a></li>';
                $ intSum++;
            }
        }
    }
    var strTitle = '< li data - role = "list - divider"
    class = "ui - li - divider ui - bar - inherit">' +
    $ strName + '< span class = "ui - li - count">' +
    $ intSum + '</span></li>';
    $ listview.html(strTitle + $ strHTML);
    $ listview.delegate('li a', 'click', function (e)     {
        rttophtml5mobi.utils.setParam('list_link_id',
        $ (this).data('id'))
    })
})
······ 省略其他与本页面功能不相关的代码
```

3. 页面效果

该页面在 Opera Mobile Emulator 12.1 下执行的效果如图 10-4 所示。

4. 源码分析

在实现记事本类别与搜索页功能的代码清单 10-4-2 中,首先,定义一些字符和元素对象变量,并通过自定义的函数方法 getParam()获取传递的类别字符和名称,分别保存在变量 $strType 和 $strName 中;然后,遍历整个 localStorage 对象,筛选记事数据,在遍历过程中,将记事的字符数据转换成 JSON 对象,再根据对象的类别与保存的类别变量相比较,如果符合,则将该条记事的 id 号和主题信息追加到字符串变量 $strHTML 中,并通过变量 $intSum 累加该类别下的记事数据总量。

最后,将获取的数字变量 $intSum 放入列表< ul >元素的分割项中,并将保存分割项内容的字符变量 strTitle 和保存列表项内容字符变量 $strHTML 进入组合,通过元素的 html()

图 10-4　显示记事列表默认页和搜索时的效果

方法将组合后的内容赋值给列表元素。同时,使用 delegate()方法设置列表选项被单击时执行的代码,更多详细实现方法,如代码清单 10-4-2 所示。

10.5　详细内容页开发

当用户在记事列表页中单击某个记事主题选项时,将该记事主题的 id 号通过 key/value 的方式保存在 localStorage 对象中。

当进入详细内容页时,先调出保存的键值作为传递来的记事数据 id 号,并将该 id 号作为键名获取对应的键值;然后,将获取的键值字符串数据转成 JSON 对象;最后,将对象的记事主题和内容显示在页面指定的元素中。

1. 功能说明

新建一个 HTML 页面,在 page 容器的正文区域中,添加一个<h3>和两个<p>元素,分别用于显示记事信息的主题和内容。当单击头部栏左侧的"修改"按钮时,进入记事编辑页;当单击头部栏右侧的"删除"按钮时,可以删除当前的记事数据。

2. 实现代码

在 WebStorm 开发工具中,新创建一个 HTML 页面 notedetail. html,加入如代码清单 10-5-1 所示的代码。

代码清单 10-5-1　详细内容页开发

```
<!DOCTYPE html>
<html>
<head>
    <title>浏览记事页_荣拓移动记事本系统</title>
    <meta name = "viewport" content = "width = device - width,
```

```
                initial - scale = 1.0, maximum - scale = 1.0"/>
        < link href = "css/rttopHtml5.css"
            rel = "stylesheet" type = "text/css"/>
        < link href = "css/jquery.mobile - 1.4.5.min.css"
            rel = "Stylesheet" type = "text/css"/>
        < script src = "js/jquery - 1.11.1.min.js"
            type = "text/javascript"></script>
        < script src = "js/jquery.mobile - 1.4.5.min.js"
            type = "text/javascript"></script>
    </head>
    < body >
    < div data - role = "page" id = "notedetail_index">
        < div data - role = "header"
            data - position = "inline">
            < a href = "editnote.html"
                data - ajax = "false">修改
            </a>
            < h4 ></h4 >
            < a href = "javascript:"
                id = "alink_delete">删除
            </a>
        </div >
        < div data - role = "main"
            class = "ui - content">
            < h3 id = "title"></h3 >
            < p class = "notep"></p>
            < p id = "content"></p>
        </div >
        < div data - role = "footer"
            data - position = "fixed">
            < h1 >© 2018 rttop.cn studio </h1 >
        </div >
    </div >
    < script src = "js/rttopHtml5.base.js"
        type = "text/javascript"></script>
    < script src = "js/rttopHtml5.note.js"
        type = "text/javascript"></script>
    </body >
    </html >
```

在本系统的全局 JavaScript 文件 rttopHtml5.note.js 中，用于实现详细内容页的代码如代码清单 10-5-2 所示。

代码清单 10-5-2　rttopHtml5.note.js 文件中记事本详细内容页功能对应的代码

```
…… 省略其他与本页面功能不相关的代码
//记事详细页面创建事件
$ (document).on("pagecreate", "#notedetail_index", function () {
    var $ type = $ (this).find('div[data - role = "header"] h4');
    var $ strId = rttophtml5mobi
```

```
    .utils.getParam('list_link_id');
    var $titile = $("#title");
    var $content = $("#content");
    var listData = JSON.parse(rttophtml5mobi
    .utils.getParam($strId));
    var strType = listData.type == "a" ? "散文" : "随笔";
    $type.html(strType);
    $titile.html(listData.title);
    $content.html(listData.content);
    $(this).delegate('#alink_delete', 'click', function(e) {
        var yn = confirm("您真的要删除吗?");
        if (yn) {
            localStorage.removeItem($strId);
            window.location.href = "list.html";
        }
    })
})
…… 省略其他与本页面功能不相关的代码
```

3. 页面效果

该页面在 Opera Mobile Emulator 12.1 下执行的效果如图 10-5 所示。

图 10-5　记事详细页和删除数据时的效果

4. 源码分析

在实现详细内容页功能的代码清单 10-5-2 中，代码相对简单。首先，定义一些元素对象变量，并通过自定义的函数方法 getParam()获取传递的某记事 id 号，并保存在变量 $strId 中；然后，将该变量作为键名，获取对应的键值字符串，并将键值字符串调用 JSON.parse()方法转换成 JSON 对象，在该对象中依次获取记事的主题和内容，显示在页面中的指定元素中。

另外,通过 delegate()方法添加单击"删除"按钮后触发"单击"事件时执行的代码,在该事件中,先通过变量 yn 保存 confirm()函数返回的 true 或 false 值,如果为真,那么,根据记事数据的键名值,使用 removeItem()方法,删除指定键名的全部对应键值,实现删除记事数据的功能,同时,页面返回类别列表页,更多详细的实现方法,如代码清单 10-5-2 所示。

10.6 修改记事内容页开发

当在记事详细内容页中,单击头部栏左侧的"修改"按钮时,进入修改记事内容页,在该页面中,可以修改某条记事数据的类别、主题、内容信息,修改完成后,返回记事类别页。

1. 功能说明

新建一个 HTML 页面,在 page 容器的正文区域中,通过水平式的单选按钮组显示记事数据的所属类别,一个文本框和一个文本区域框显示记事数据的主题和内容,用户可以重新选择所属类别和编辑主题及内容数据,单击"更新"按钮后,则完成数据的修改操作,并返回记事类别页。

2. 实现代码

在 WebStorm 开发工具中,新创建一个 HTML 页面 editnote. html,加入如代码清单 10-6-1 所示的代码。

代码清单 10-6-1 修改记事内容页开发

```
<!DOCTYPE html>
<html>
<head>
    <title>修改记事_荣拓移动记事本系统</title>
    <meta name="viewport" content="width=device-width,
      initial-scale=1.0, maximum-scale=1.0"/>
    <link href="css/rttopHtml5.css"
        rel="stylesheet" type="text/css"/>
    <link href="css/jquery.mobile-1.4.5.min.css"
        rel="Stylesheet" type="text/css"/>
    <script src="js/jquery-1.11.1.min.js"
        type="text/javascript"></script>
    <script src="js/jquery.mobile-1.4.5.min.js"
        type="text/javascript"></script>
</head>
<body>
<div data-role="page" id="editnote_index">
    <div data-role="header"
        data-position="inline">
        <a href="notedetail.html"
          data-ajax="false">返回</a>
        <h4>编辑记事</h4>
        <a href="javascript:">更新</a>
    </div>
```

```html
    < div data - role = "main"
        class = "ui - content">
      < label for = "rdo - type">类型:</label>
      < fieldset data - role = "controlgroup"
                id = "rdo - type"
                data - mini = "true"
                data - type = "horizontal"
                style = "padding:5px 0px 0px 0px; margin:0px">
          < input type = "radio"
                name = "rdo - type"
                id = "rdo - type - 0"
                value = "a"/>
          < label for = "rdo - type - 0"
                id = "lbl - type - 0">散文
          </label>
          < input type = "radio"
                name = "rdo - type"
                id = "rdo - type - 1"
                value = "b"/>
          < label for = "rdo - type - 1"
                id = "lbl - type - 1">随笔
          </label>
          < input type = "hidden"
                id = "hidtype"
                value = "a"/>
      </fieldset>
      < label for = "txt - title">标题:</label>
      < input type = "text"
            name = "txt - title"
            id = "txt - title"
            value = ""/>
      < label for = "txta - content">正文:</label>
    < textarea name = "txta - content"
            id = "txta - content">
    </textarea>
  </div>
  < div data - role = "footer"
      data - position = "fixed">
      < h1 >© 2018 rttop.cn studio </h1>
  </div>
</div>
< script src = "js/rttopHtml5.base.js"
        type = "text/javascript"></script>
< script src = "js/rttopHtml5.note.js"
        type = "text/javascript"></script>
</body>
</html>
```

在本系统的全局 JavaScript 文件 rttopHtml5.note.js 中,用于实现修改记事内容页的代码如代码清单 10-6-2 所示。

代码清单 10-6-2   rttopHtml5.note.js 文件中记事本修改记事内容页功能对应的代码

```javascript
…… 省略其他与本页面功能不相关的代码
//修改记事页面创建事件
$(document).on("pageshow", "#editnote_index", function () {
    var $strId = rttophtml5mobi
    .utils.getParam('list_link_id');
    var $header = $(this).find('div[data-role="header"]');
    var $rdotype = $("input[type='radio']");
    var $hidtype = $("#hidtype");
    var $txttitle = $("#txt-title");
    var $txtacontent = $("#txta-content");
    var editData = JSON.parse(rttophtml5mobi
    .utils.getParam($strId));
    $hidtype.val(editData.type);
    $txttitle.val(editData.title);
    $txtacontent.val(editData.content);
    if (editData.type == "a") {
        $("#lbl-type-0").removeClass("ui-radio-off")
        .addClass("ui-radio-on ui-btn-active");
    } else {
        $("#lbl-type-1").removeClass("ui-radio-off")
        .addClass("ui-radio-on ui-btn-active");
    }
    $rdotype.bind("change", function () {
        $hidtype.val(this.value);
    });
    $header.delegate('a', 'click', function (e) {
        if ($txttitle.val().length > 0 &&
         $txtacontent.val().length > 0) {
            var strnid = $strId;
            var notedata = new Object;
            notedata.nid = strnid;
            notedata.type = $hidtype.val();
            notedata.title = $txttitle.val();
            notedata.content = $txtacontent.val();
            var jsonotedata = JSON.stringify(notedata);
            rttophtml5mobi.utils.setParam(strnid,
            jsonotedata);
            window.location.href = "list.html";
        }
    })
})
…… 省略其他与本页面功能不相关的代码
```

3. 页面效果

该页面在 Opera Mobile Emulator 12.1 下执行的效果如图 10-6 所示。

图 10-6　修改记事数据时的效果

4. 源码分析

在实现修改记事内容页功能的代码清单 10-6-2 中，首先，通过调用自定义的方法 getParam() 获取当前修改的记事数据 id 号并保存在变量 $strId 中；然后，将该变量值作为 localStorage 对象的键名，通过该键名获取对应的键值字符串，并将该字符串转换成 JSON 格式对象，在对象中，通过属性的方式，获取记事数据的类别、主题和正文信息，依次显示在页面指定的元素中。

当通过水平式的单选按钮组显示记事类型数据时，先将对象的类型值保存在 id 号为 hidtype 的隐藏类元素中，再根据该值的内容，使用 removeClass() 和 addClass() 方法修改按钮组中单个按钮的样式，使整个按钮组的选中项与记事数据的类型相一致；同时，设置单选按钮组的 change 事件，在该事件中，当用于修改原有类型时，id 号为 hidtype 的隐藏类元素的值也随之发生变化，以确保记事类型修改后的值可以实时保存。

最后，设置头部栏中右侧"更新"按钮的单击事件，在该事件中，先检测主题文本框和内容区域框的字符长度是否大于 0，用于检测主题和内容是否为空，当两者都不为空时，实例化一个新的 Object 对象，并将记事数据的各信息作为该对象的属性值，保存在该对象中，然后，通过调用 JSON.stringify() 方法将对象转换成 JSON 格式的文本字符串，使用自定义的 setParam() 方法，将数据写入 localStorage 对象对应键名的键值中，最终实现记事数据更新的功能，更多详细的实现方法，如代码清单 10-6-2 所示。

10.7　添加记事内容页开发

在系统首页和类型列表页中，单击头部栏右侧的"增加"按钮后，都将进入添加记事内容页，在该页面中，用户可以通过单选按钮组选择记事类型，在文本框中输入记事主题，区域框中输入记事内容，单击该页面头部栏右侧的"保存"按钮后，便新增了一条记事数据。

1. 功能说明

新建一个 HTML 页面,在 page 容器的正文区域中,水平式的单选按钮组用于选择记事类型,一个文本框和一个文本区域框分别用于输入记事主题和内容,当用户选择记事数据类型和输入记事数据主题和内容并单击"保存"按钮后,则完成数据的添加操作,将返回记事类别页。

2. 实现代码

在 WebStorm 开发工具中,新创建一个 HTML 页面 addnote.html,加入如代码清单 10-7-1 所示的代码。

代码清单 10-7-1 添加记事内容页开发

```
<!DOCTYPE html>
<html>
<head>
    <title>增加记事页_荣拓移动记事本系统</title>
    <meta name = "viewport" content = "width = device - width,
      initial - scale = 1.0, maximum - scale = 1.0"/>
    <link href = "css/rttopHtml5.css"
        rel = "stylesheet" type = "text/css"/>
    <link href = "css/jquery.mobile - 1.4.5.min.css"
        rel = "Stylesheet" type = "text/css"/>
    <script src = "js/jquery - 1.11.1.min.js"
          type = "text/javascript"></script>
    <script src = "js/jquery.mobile - 1.4.5.min.js"
          type = "text/javascript"></script>
</head>
<body>
<div data - role = "page" id = "addnote_index">
    <div data - role = "header"
        data - position = "inline">
        <a href = "javascript:"
          data - rel = "back">返回
        </a>
        <h4>增加记事</h4>
        <a href = "javascript:"
            id = "add">保存
        </a>
    </div>
    <div data - role = "main"
        class = "ui - content">
        <label for = "rdo - type">类型:</label>
        <fieldset data - role = "controlgroup"
                id = "rdo - type"
                data - mini = "true"
                data - type = "horizontal"
                style = "padding:5px 0px 0px 0px; margin:0px">
            <input type = "radio"
```

```
                    name = "rdo - type"
                    id = "rdo - type - 0"
                    value = "a"
                    checked = "checked"/>
            < label for = "rdo - type - 0">散文</label >
            < input type = "radio"
                    name = "rdo - type"
                    id = "rdo - type - 1"
                    value = "b"/>
            < label for = "rdo - type - 1">随笔</label >
            < input type = "hidden"
                    id = "hidtype"
                    value = "a"/>
        </fieldset >
        < label for = "txt - title">标题:</label >
        < input type = "text"
                name = "txt - title"
                id = "txt - title"
                value = ""/>
        < label for = "txta - content">正文:</label >
      < textarea name = "txta - content"
                id = "txta - content">
        </textarea >
    </div >
    < div data - role = "footer"
        data - position = "fixed">
        < h1 >© 2018 rttop.cn studio </h1 >
    </div >
</div >
< script src = "js/rttopHtml5.base.js"
        type = "text/javascript"></script >
< script src = "js/rttopHtml5.note.js"
        type = "text/javascript"></script >
</body >
</html >
```

在本系统的全局 JavaScript 文件 rttopHtml5.note.js 中,用于实现添加记事内容页的代码如代码清单 10-7-2 所示。

代码清单 10-7-2　rttopHtml5.note.js 文件中记事本添加记事内容页功能对应的代码

```javascript
//增加记事页面创建事件
$(document).on("pageshow", "#addnote_index", function () {
    var $header = $("#add");
    var $rdotype = $("input[type = 'radio']");
    var $hidtype = $("#hidtype");
    var $txttitle = $("#txt - title");
    var $txtacontent = $("#txta - content");
    $rdotype.bind("change", function () {
```

```
        $ hidtype.val(this.value);
    });
    $ header.on('click', function (e) {
        if ( $ txttitle.val().length > 0 &&
            $ txtacontent.val().length > 0) {
            var strnid = "note_" + RetRndNum(3);
            var notedata = new Object;
            notedata.nid = strnid;
            notedata.type =  $ hidtype.val();
            notedata.title =  $ txttitle.val();
            notedata.content =  $ txtacontent.val();
            var jsonotedata = JSON.stringify(notedata);
            rttophtml5mobi.utils.setParam(strnid,
            jsonotedata);
            window.location.href = "list.html";
        }
    });
    function RetRndNum(n) {
        var strRnd = "";
        for (var intI = 0; intI < n; intI++) {
            strRnd += Math.floor(Math.random() * 10);
        }
        return strRnd;
    }
})
```

3. 页面效果

该页面在 Opera Mobile Emulator 12.1 下执行的效果如图 10-7 所示。

图 10-7 添加记事数据时的效果

4. 源码分析

在实现增加记事内容页功能的代码清单 10-7-2 中,实现的代码相对简单,首先,通过定义一些变量保存页面中的各元素对象,并设置单选按钮组的 change 事件,在该事件中,当单选按钮的选项中发生变化时,保存选项值的隐藏型元素值也将随之变化。

然后,使用 delegate()添加头部元素右侧"保存"按钮的单击事件,在该事件中,先检测主题文本框和内容文本域的内容是否为空,如果不为空,那么,调用自定义的一个按长度生成随机数的函数,生一个 3 位数的随机数字,并与 note_ 字符一起组成记事数据的 id 号,保存在变量 strnid 中。

最后,实例化一个新的 Object 对象,将记事数据的 id 号、类型、标题、正文内容都作为该对象的属性值赋值给对象,再使用 JSON. stringify()方法,将对象转换成 JSON 格式的文本字符串,通过自定义的 setParam()方法,保存在以记事数据的 id 号为键名的对应键值中,实现添加记事数据的功能,更多详细的实现方法,如代码清单 10-5-2 所示。

10.8 样式文件

在开发本系统功能时,除前面章节列出的 HTML 页面和 JavaScript 文件外,还有一个全局性的样式文件 rttopHtml5.css,其功能是用于控制整个系统的页面样式与结构布局,该文件的详细代码如代码清单 10-8 所示。

代码清单 10-8 rttopHtml5.css 文件全部代码

```
#notenav_wrap
{
    position:relative;width:100%;
    height:auto;min-height:322px;
    overflow:hidden;
}
#notenav_wrap ul
{
    position:absolute;list-style-type:none;
    z-index:2;margin:0;bottom:0px;
    padding:0;left:45%;
}
#notenav_wrap ul li
{
    background:url(images/icons_off.png)
    center no-repeat;width:12px;
    height:12px;float:left;
    margin-right:8px;
}
#notenav_wrap ul li.on
{
    background:url(images/icons_on.png)
    center no-repeat;width:12px;
```

```
        height:12px;line-height:12px;
        float:left;margin-right:8px;font-size:10px;
        text-align:center;color:#666;font-family:Arial
    }
    #notenav_list a
    {
        position:absolute;width:100%;
    }
    #notenav_list a img
    {
        border:0px;width:100%;
        height:auto;height:298px;
    }
    #title
    {
        margin:0px;text-align:center
    }
    .notep
    {
        border-bottom:solid 1px #ccc
    }
    .ui-btn-corner-all
    {
        border-radius: .2em;
    }
    .ui-header .ui-btn-inner
    {
        font-size: 12.5px; padding: .35em 6px .3em;
    }
    .ui-btn-inner
    {
        padding: .3em 20px; display: block;
        text-overflow: ellipsis; overflow: hidden;
        white-space: nowrap;
        position: relative; zoom: 1;
    }
```

在上述样式文件代码清单中,有两个样式类别需要说明如下。

首先,为了使用头部栏两侧按钮的两端的圆角弧度更小,在样式文件中,重置了 ui-btn-corner-all 类别,修改了 border-radius 属性值。

然后,为了修改头部栏两侧按钮的高度和单选按钮组的内边距离,在样式文件中,重置了 ui-btn-inner 类别,修改了相应的 padding 属性值。

样式文件中的其余代码,一部分用于滑动图片时控制图片和列表元素的样式;另一部分用于显示记事数据详细页时的样式控制。

10.9　本章小结

在本章中,通过一个完整的移动终端记事本管理系统的开发,详细介绍了在 jQuery Mobile 框架中使用 localStorage 实现数据的增加、删除、修改、查询的过程。localStorage 对象是 HTML 5 新增加的一个对象,用于在客户端保存用户的数据信息,它以 key/value 的方式进行数据的存取,并且,由于该对象目前被绝大多数新版移动设备的浏览器所支持,因此,使用 localStorage 对象开发的项目越来越多。本章案例的学习,可以为读者在移动项目中如何使用 localStorage 对象打下扎实的理论和实践的基础。

图 书 资 源 支 持

感谢您一直以来对清华版图书的支持和爱护。为了配合本书的使用，本书提供配套的资源，有需求的读者请扫描下方的"书圈"微信公众号二维码，在图书专区下载，也可以拨打电话或发送电子邮件咨询。

如果您在使用本书的过程中遇到了什么问题，或者有相关图书出版计划，也请您发邮件告诉我们，以便我们更好地为您服务。

我们的联系方式：

地　　址：北京市海淀区双清路学研大厦 A 座 714

邮　　编：100084

电　　话：010-83470236　　010-83470237

客服邮箱：2301891038@qq.com

QQ：2301891038（请写明您的单位和姓名）

资源下载：关注公众号"书圈"下载配套资源。

资源下载、样书申请

书 圈

获取最新书目

观看课程直播